配电自动化终端
现场施工及验收作业手册

Manual for Site Construction and Check Before Acceptance of
Distribution Automation

主　编　黄　欣

副主编　陈泽涛　李崇基　洪海生

编　者　郑　欣　徐应飞　童　锐　葛馨远

U0246771

中国电力出版社
CHINA ELECTRIC POWER PRESS

内容提要

本书主要内容包括配电自动化基础知识、配电自动化工程设计要求、DTU施工标准、DTU调试标准、DTU验收规范、FTU施工标准、FTU调试标准、FTU验收规范等内容。

本书以配电自动化典型工程为立足点，结合广州供电局多年建设经验，旨在提出一套适用于一般配电自动化工程建设的技术要求、施工标准、调试标准和验收规范，以指导从业人员开展相关工作，助力配电自动化建设，为打造"可观""可测""可控"的一流配电网奠定良好的工程基础。

本书可供从事配电自动化专业施工、验收的技术人员阅读参考。

图书在版编目（CIP）数据

配电自动化终端现场施工及验收作业手册/黄欣主编 . —北京：中国电力出版社，2018.5

　ISBN 978 - 7 - 5198 - 1489 - 2

　Ⅰ.①配… Ⅱ.①黄… Ⅲ.①配电自动化—工程施工—手册②配电自动化—工程验收—手册　Ⅳ.①TM76 - 62

中国版本图书馆 CIP 数据核字（2017）第 298464 号

出版发行：中国电力出版社
地　　址：北京市东城区北京站西街 19 号（邮政编码 100005）
网　　址：http://www.cepp.sgcc.com.cn
责任编辑：王杏芸　　（010 - 63412394）
责任校对：王开云
装帧设计：赵姗姗
责任印制：杨晓东

印　　刷：北京九天众诚印刷有限公司
版　　次：2018 年 5 月第一版
印　　次：2018 年 5 月北京第一次印刷
开　　本：880 毫米×1230 毫米　32 开本
印　　张：8.5
字　　数：100 千字
印　　数：0001—2000 册
定　　价：42.00 元

序

    随着电力改革稳步推进，我国电网建设投资的重心逐步由主干网向智能化、配网侧、售电侧、用电侧转移，全面建成安全、可靠、绿色、高效的智能电网成为新时代电力建设的主要目标，实现可靠供电、优质服务已成为新时代电力供应的首要责任。《电力发展"十三五"规划（2016—2020年)》明确指出，"推进配电自动化建设，根据供电区域类型差异化配置，整体覆盖率达90％，实现配电网可观可控。"配电自动化是智能配电网建设的重要内容之一，是实现配电网调度、监视、控制的统一集中管理的重要手段，更是全力服务人民追求美好生活电力需要的关键。为此，国家能源局发布《配电网建设改造行动计划（2015—2020年)》（国能电力〔2015〕290号），明确提出，"到2020年，中心城市（区）智能化建设和应用水平大幅提高，供电可靠率达到99.99％，用户年均停电时间不超过1小时，供电质量达到国际先进水平"，"配电自动化覆盖率达到90％以上"。

    为进一步落实国家战略，确保配电自动化工程"零缺陷"投产，提高配电自动化建设的质量和效益，《配电自动化终端现场施工及验收作业手册》一书应运而生，以配电自动化终端的施工及验收作业为主线，涵盖常见配电自动化设备的施工、调试与验收要点，图文并茂，通俗易懂，有助于提升施工单位的施工质量和建设单位的验收水平。

    自2008年启动配电自动化试点建设以来，广州供电局有限公司不忘初心、协同奋进，在取得令人瞩目成果的同时，也深知配电自动化建设的"痛点"。本书由广州供电局配电自动化专业团队担纲执笔，这也是该团队出品的第三本书籍。该团队由长期从事配电自动化专业的青年骨干人员组成，横跨配网基建、配电运维、配电检修等专业线，他们对"配网"与"配电自动化"等关键词有着深刻的认识和丰富的实践经验。《配电自动化技术问答》《配电自动化专业技能题库》《配电自动化终端现场施工及验收作业手册》，从专业技术串联到技能序列梳理，再到现场施工作业指南，该团队循序渐进、稳扎稳打的布局章法与立志腾飞配电自动化事业的拳拳赤心，可见一斑。期待这一套组合拳，可以切实提升配电自动化从业人员的专业素养和技术技能水平，有助于培育一大批基础扎实、技能过硬的配电自动化施工队伍与专业人才，从而促进配电网的安全、可靠、绿色、高效、可持续发展；同时也诚挚希望各方专家学者共同关注我国配电自动化专业的发展和技术走向，探讨建设过程中的新问题，并以此为契机，群策群力，共同提高配电自动化的实用化水平，从而推动配电自动化专业再上新台阶。

功崇惟志，业精惟勤。在本书的编辑出版过程中，编委同志们以"功成不必在我"的宽阔胸怀和全力以赴的责任担当，付出了大量辛勤的汗水和闪光的智慧。在本书行将付梓之际，谨以此序，对本书的出版发行表示祝贺，对所有支持和参与本书编写工作的同志们表示崇高的敬意。

广州供电局有限公司　副总经理

配电自动化是以一次网架和设备为基础，以配电自动化系统为核心，综合利用多种通信方式，实现对配电网的监测与控制，并通过与相关应用系统的信息集成，实现对配电网的科学管理。它可以提高电力系统运行可靠性，减少停电时间，改善电能质量，提高配电网的管理水平和效率，是实现智能配电网的基础。因此，配电自动化是电力系统现代化发展的必然趋势。

配电自动化系统一般由配电自动化主站系统、配电自动化终端及相关通信系统构成。其中，配电自动化终端是安装在配电网的各类一次设备运行现场的自动化装置，主要负责完成数据采集、控制、通信等功能，是配电自动化系统重要的硬件基础，也是配电自动化系统能否正确反应、精准控制配电网运行状态的关键。

配电自动化终端地理位置分布广、运行环境复杂、监控的设备种类多等客观因素，直接影响配电网自动化水平高低。因此，配电自动化终端及相关设备的技术条件、产品性能、工程质量显得尤为重要。本书以配电自动化典型工程为立足点，结合广州供电局多年建设经验，旨在提出一套适用于一般配电自动化工程建设的技术要求、施工标准、调试标准和验收规范，以指导从业人员开展相关工作，助力配电自动化建设，为打造"可观""可测""可控"的一流配电网奠定良好的工程基础。

C目录
Contents

01

配电自动化基础知识

◉ 1.1 技术概念及原理

1.1.1 配电自动化系统

配电自动化系统是配电网运行监视与控制的自动化系统，具备配电数据采集与监控（SCADA）、馈线自动化以及配电网分析应用等功能，主要由配电自动化主站、配电自动化终端、配电自动化开关设备和相关附属设备，经配电通信通道连接组成。

1.1.2 配电自动化主站

配电自动化主站是配电自动化系统的核心，主要实现配电网数据采集与监控等基本功能，对配电网进行分析、计算与决策，并与其他应用信息系统进行信息交互，为配电网生产运行提供技术支撑。

1.1.3 配电自动化主站图模

配电自动化主站图模分为图形和模型两部分。图形是指在配电主站中显示的配电网逻辑接线单线图、环网图等，描述的是配电自动化系统的图元和画面。模型是满足配电网运行监视、控制、分析计算等应用需求，在配电自动化系统中表达配电网设备属性及连接关系的集合。

1.1.4 配电自动化终端

配电自动化终端是安装在配电网的各类远方监测、控制单元的总称，完成数据采集、控制、通信等功能，主要包括站所终端（Distribution Terminal Unit，DTU）、馈线终端（Feeder Terminal Unit，FTU）、配变终端（Transformer Terminal Unit，

1

TTU）、故障指示器（带远传功能）等。

DTU 是指安装在配电网开关站、配电室、环网柜、箱式变电站等处的数据采集与监控终端，按照功能分为"三遥"终端和"二遥"终端。从安装方式上可分为壁挂式和机柜式；从设备结构上可分为集中式和分布式，本书所指的 DTU 特指集中式 DTU。

FTU 是装设在配电网架空线路开关旁的开关监控装置。这些馈线开关指的是户外的柱上开关，如 10kV 线路的断路器、负荷开关等。按照功能分为"三遥"终端和"二遥"终端。通常从结构上可以分为"罩式"终端和"箱式"终端。

配电变压器监测变终端（Transformer Terminal Unit，TTU）是指装设在配电变压器旁监测配电变压器运行状态的终端装置。它实时监测配电变压器的运行工况，并能将采集的信息传送到主站或其他的智能装置，提供配电系统运行控制及管理所需的数据。

故障指示器（带远传功能）是指安装于电力线路上，用于在线监测、指示相间短路故障和接地短路故障的装置。它区别于传统故障指示器的最显著特征是能将故障监测结果上传至主站。

1.1.5　配电通信系统

承载 10kV（20kV）及以下中低压配电网业务的通信网络系统，主要由电力通信专网、公网通信共同组成，主要包括电力光纤通信网、无线专网、无线公网、公网宽带等方式。

1.1.6　配电自动化功能的实现原理

配电自动化系统一般由配电自动化主站、配电自动化终端及相关配电通信系统构成。配电自动化终端采集一次设备的状态量和运行数据，通过通信系统将相关信息上送至配电自动化主站；配电自动化主站可通过通信系统将控制命令下达给配电自动化终端，由终端控制一次设备的运行状态，从而实现配电自动化"遥信""遥测""遥控"等。

◉ 1.2 工程概念

1.2.1 设计图、施工图及竣工图

设计图是表示工程项目总体布局,是电气设备及相关构筑物的外部形状、内部布置、结构构造、连接方式、设备参数、安装施工等要求的图样。

施工图是建设单位和监理单位审核通过的设计图,是项目施工单位的施工指引和依据。

竣工图是指项目竣工后,设计单位按照实际工程量所绘制的图纸。

1.2.2 施工、调试及验收

本书中施工、调试及验收对象特指配电自动化终端及相关设备,不涉及配电自动化主站和通信系统。

施工是指根据国家、行业、企业制定的规范标准,对新建、扩建、改造工程的配电自动化终端及相关设备进行安装、接线,以实现配电自动化功能的土建及电气建设。

调试是指在新建、扩建、改造工程的配电自动化终端及相关设备投产验收之前,或者在已投运设备停电检修时,对一次设备、配电自动化终端、通信系统和配电自动化主站开展的系统性联调。调试应完成配电自动化终端内部参数、主站通信参数、信息点表的配置,核实主站系统图模是否正确,并完成"遥信""遥测""遥控"三遥联调和保护功能测试。

验收是指在配电自动化终端及相关设备完成安装调试后及投入试运行前,或者对缺陷处理后开展的检验测试工作,包括安装验收、接线验收和联调验收,其目的是检验设备功能、工程质量是否满足实际运行的需要。

1.2.3 缺陷、偏差及工程化问题

缺陷是指在验收测试中不满足合同技术文件、联络会纪要及技术标准规定的基本功能和主要性能指标，且影响配电自动化终端及相关设备正常运行和功能使用的问题。

偏差是指在验收测试中不满足合同技术文件、联络会纪要及技术标准规定的具体功能和性能指标，但不影响配电自动化终端及相关设备稳定运行且可通过简易修改补充得以纠正的问题。

工程化问题是指在测试过程中发现的由于未对相关装置进行正确的工程化配置或系统工程化工作未完成所导致的某一功能不能正确运行的差异。

02

配电自动化工程设计要求

◉ 2.1 站所终端（DTU）工程

2.1.1 开关柜技术要求

（1）具备遥控功能的开关柜应明确电操机构工作电压，须与 DTU 输出的遥控操作电压相匹配，一般为 DC 24V 或 DC 48V，电操机构启动功率应小于 DTU 最大输出功率，建议启动功率不大于 500W。

（2）具备遥信功能的开关柜应明确遥信硬接点配置要求，包括开关位置、接地开关位置、气压表信号、远方/就地转换开关柜等辅助触点的动合或动断触点数量。

（3）具备遥测功能的开关柜应明确所配置的 TA 数量，一般为 A、C 相和零序 TA，并同时明确 TA 的型号、变比、保护级和容量。其中，相 TA 变比根据线路或变压器的额定电流确定，一般推荐普通负荷开关柜（k 柜）相 TA 变比为 600/5，高压组合电器柜（R 柜）相 TA 变比为 100/5，零序 TA 变比为 100/5，推荐 TA 保护等级在 10P10 级别及以上，容量不小于 5VA。

（4）采用集中式 DTU 的工程，开关柜应配置独立的二次小箱，所有开关柜内部的二次线汇总至二次小箱再通过二次电缆连接至 DTU。

（5）如果电房环境湿度大，建议开关柜二次小箱中配置除湿装置。

2.1.2 DTU 技术要求

（1）具备遥控功能的 DTU 应明确遥控操作电压，须与开关柜电操机构电压相匹配。DTU 所能提供的输出功率应能满足开关柜电操机构功率要求，建议不小于 500W。

（2）DTU 的可接入回路须大于等于需接入的开关柜回路数，应根据区域电网规划留有一定的备用回路数，需要特别指出的是，当单台 DTU 回路数不够时，可新增 DTU 或采用级联方式进行扩展。

2.1.3 二次电缆

（1）应明确二次电缆型号、长度等参数，建议采用阻燃铠装屏蔽电缆，遥测二次电缆横截面不小于 2.5mm^2，遥信、遥控二次电缆截面不小于 1.5mm^2。

（2）二次电缆芯数建议比实际所需接入的信号数多，留有一定的备用。

2.1.4 通信要求

在 DTU 建设之初，应统筹考虑终端的通信方式，在保证通信可靠、安全的前提下，原则上优先考虑采用光纤通信或载波通信方式，在施工难度大、投资大且关键节点，可考虑无线公网方式，具体要求如下：

（1）采用无线公网通信的 DTU，应在设计阶段到电房实际位置测量无线信号强度并注明在设计图纸上，建议同时测量多家通信运营商的信号强度，以便选择信号较好的运营商。

（2）对于无线信号强度不满足通信要求的电房，应同步考虑信号增强措施。

（3）对于采用光纤通信的 DTU，则需做好光缆路径勘察，明确敷设方案和所需采用的通信材料。

2.1.5 电源要求

（1）DTU 电源接取原则建议为，对于附近有公用变压器的建议优先采用公用变压器供电，附近没有公用变压器的建议配置站用变压器，如不具备条件则配置 TV 柜。站用变压器容量需满足电房照明灯、排气扇、DTU 等功率要求，建议不小于 5kVA；TV 柜容量需满足 DTU 功率要求，建议不小于 500VA。

（2）为满足运行维护需要，从公用变压器、站用变压器各引出两组电源线，分别经独立低压断路器为 DTU 和环境控制箱供电。

（3）建议配置双路电源，如有两台及以上的公用变压器，建议分别从不同的公用变压器为 DTU 接取电源。

2.1.6 安装要求

（1）采用无线公网的 DTU 安装位置应尽量靠近电房门口，以便获取较好的信号强度。

（2）DTU 与开关柜、站用变等一次设备间应留有一定的安全距离以及检修通道，建议大于 1m 以上。

（3）二次电缆应与一次电缆分开敷设，如果一、二次电缆同沟，则应在电缆沟壁安装角铁，把二次电缆固定在沟壁。

（4）采用无线公网通信的 DTU，其天线如需拉出门外，则天线应沿墙壁走线，并采用墙钉等方式固定。

2.1.7 二次安健环

（1）DTU 和开关柜侧的二次电缆均应安装标识牌，注明电缆起止位置和用途。

（2）DTU 侧还应具备终端基本信息，遥控分、合闸指示，故障指示，终端回路所对应的开关柜编号等安健环标识。

（3）开关柜侧应具备 TA 参数、是否可遥控、所对应的终端回路等安健环标识。

◉ 2.2 馈线终端（FTU）工程

2.2.1 开关技术要求

应综合考虑开关所处的线路位置、同馈线其他开关的功能特性等因素，选择功能合适的开关，如断路器、电压型负荷开关、过电流脉冲计数型开关、用户分界负荷开关、用户分界断路器等。

2.2.2 FTU技术要求

（1）FTU的保护功能应与柱上开关的类型相适应，且投入的保护定值须与同馈线其他开关有良好配合。

（2）建议FTU的面板上配备投退保护功能的连接片。

2.2.3 控制电缆

（1）建议开关与FTU采用成套设备，开关与FTU之间采用二次电缆进行连接，控制电缆两侧采用航空插头。

（2）应明确二次电缆长度，为满足实际安装要求，一般为不小于7m。

（3）二次电缆用于遥测的线芯横截面不小于2.5mm^2，用于遥信、遥控用的线芯横截面不小于1.5mm^2。

2.2.4 通信要求

FTU一般采用无线通信方式，条件允许情况下可采用载波或光纤通信方式。

2.2.5 电源要求

（1）FTU的工作电源宜取自安装在开关两侧的TV二次侧。

（2）应明确所配置的TV型号，具体参数以相应的技术条件书为准。

2.2.6 安装要求

（1）应明确柱上开关安装形式（吊装或座装），并与相应的杆塔线材相匹配。

（2）为方便实际运行维护，建议FTU安装高度为3～5m。

2.2.7 二次安健环

应采用不干胶标签纸对箱体进行标识，标识应包含：开关类型、终端安装地址（杆塔号）、终端ID、终端IP、通信参数信息，标签纸张贴于箱内侧明显位置。

03

DTU 施 工 标 准

◉ 3.1 施工前准备

3.1.1 现场勘察内容及要求

施工单位应在施工前对相关电房进行现场勘察,并对电房内终端的安装、低压取电方式、通信及二次电缆敷设等施工内容进行评估,填写《配电自动化站所终端设备安装现场勘察记录表》(见附录 A),并拍摄现场图片存档,如发现现场施工条件不满足施工图纸要求的,应及时提出设计变更申请。另外,在正式施工前,施工单位应申请 DTU 相关参数,包括终端 ID、终端 IP、服务器地址及网关等,以满足 DTU 调试验收需要。

需勘察的内容及要求如下:

(1)勘察电房内环境与原有设备情况,核实施工图纸是否与现场一致,确认是否可以按图施工。

(2)勘察电房内是否有低压电源,核实施工图纸中的终端低压电源取电方式是否合理。

(3)勘察终端的通信条件,如若施工图纸要求采用光纤或载波通信的,核实电房内是否已配备光纤交换机或从载波机,或图纸是否有相应的通信建设方案;如若施工图纸要求采用无线通信方式,需检测并记录电房内、外的无线信号强度值,确认终端安装位置的无线信号强度是否满足运行要求(建议电房门关闭的情况下终端安装位置 2G 信号大于−90dBm,4G 信号大于−110dB),如图 3-1 所示。

(4)勘察施工图纸中二次电缆敷设路径设计是否合理,并确

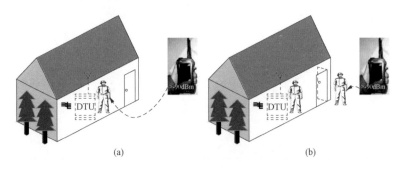

图 3-1　电房内外信号强度测试

（a）电房内无线信号强度测试；（b）电房外无线信号强度测试

定施工所需的二次电缆及施工辅材的型号、数量。

（5）勘察待接入 DTU 开关柜情况，如开关柜具备遥信、遥控功能，必须检查以下内容：开关柜是否具备独立的二次小箱，是否配备完整的二次图纸；电操机构操作电源电压是否与终端提供的操作电压、施工图纸一致；开关柜的遥信节点是否满足施工图纸要求等。

3.1.2　设备及材料准备

结合现场勘察结果，确认施工图纸中的主要设备和材料是否满足工程所需，并保证施工前所有设备、材料及工器具准备齐全。

3.1.3　施工风险识别及防范措施

1. 风险识别

（1）误入带电间隔。

（2）施工地点离 10kV 带电线路安全距离不足。

（3）安全措施未落实到位，例如无防倒供电措施、试验电源未安装漏电保护器等。

（4）误触碰遥控分、合闸按钮造成电房内一次设备误动作。

（5）误接线导致的终端电源、操作电源或 TV、站用变二次侧短路，或 TA 二次侧开路等。

（6）接线虚短或虚断。

（7）未佩戴安全帽和手套、未穿工作服和绝缘鞋导致肢体刮伤、撞伤、压伤。

（8）未按要求施工导致的设备及人身伤害。

2. 防范措施

（1）做好安全围蔽、警示，防止误入带电间隔。

（2）认真执行安全"四步法"（站班会、安全作业票、风险分析和施工作业指导书）严格执行现场监护，确保施工人员与带电设备保持安全距离，对于电房空间狭小、设备间距不符合安全距离或有裸露带电设备等情况，应申请停电配合。

（3）落实工作票规定的安全技术措施，杜绝倒供电现象。

（4）施工前，退出 DTU 带电回路对应的分合闸连接片，并将运行中开关柜的"远方/闭锁/就地"旋钮打至"闭锁"位置；施工后恢复原状。

（5）严格按照施工图纸、设备电气原理图接线，确保接线无误。

（6）认真执行机具"八步骤"，确保工器具在有效范围内，并符合安全要求。

（7）确保控制电缆线芯与接线端子接触良好，必要时用万用表检验相关回路是否短接或断开。

（8）正确佩戴有效期范围内的安全帽和绝缘手套，正确穿着工作服和绝缘鞋。

◉ 3.2 施工标准

3.2.1 DTU 的安装

1. 安装前检查

（1）检查 DTU 出厂前测试报告和出厂合格证。

（2）检查 DTU 在显著位置应设置有不锈钢铭牌，内容应包含 DTU 名称、型号、装置电源、操作电源、额定电压、额定电流、产品编号、制造日期及制造厂家名称等，如图 3-2 所示。

图 3-2 检查 DTU 设备铭牌是否满足要求

（3）检查 DTU 箱体密封性、支撑强度和外观。DTU 前后门应开闭自如，箱体无腐蚀和锈蚀的痕迹，无明显的凹凸痕、划伤、裂缝、毛刺等，喷涂层无破损且光洁度符合标准，颜色应保持一致。

（4）箱体内的设备、主材、元器件安装应牢靠、整齐、层次分明，终端背板布线应规范，设备的各模块插件与背板总线接触良好，插拔方便，如图 3-3 所示。

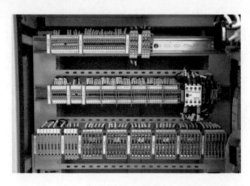

图 3-3 DTU 箱体内部接线情况检查

（5）箱体内的设备电源应相互独立，装置电源、通信电源、后备电源应由独立的低压断路器控制，应采用专用的直流、交流低压断路器。

（6）检查终端备用电池外观完好，标称容量符合技术条件书要求。技术建议如下：若备用电池为 24V，则电池容量≥17Ah；若备用电池为 48V，电池容量≥7Ah，如图 3 - 4 所示。

图 3 - 4　检查终端备用电池参数是否满足要求

（7）控制面板上的显示部件亮度适中、清晰度高，各接口标识清晰。

（8）检查 DTU 操作电压（DC 24V 或 DC 48V）与开关柜操作机构是否匹配。

2. **安装要求**

（1）DTU 箱体应安装在干净、明亮的环境下，便于拆装、维护，且安装位置不应影响一次设备的正常运行与维护。

（2）参照施工图纸确定 DTU 的安装位置，如图 3 - 5 所示，壁挂式 DTU 挂装在墙壁上，安装高度要求底部离地面大于600mm，小于 800mm。机柜式 DTU 座立安装，并确保柜体处于水平位置，柜体底部可通过控制电缆。

（3）DTU 扩展柜的安装方法及要求与主控柜相同，并且扩

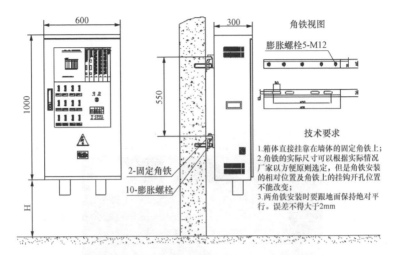

角铁视图

膨胀螺栓5-M12

600

300

1000

550

2-固定角铁

10-膨胀螺栓

H

技术要求

1.箱体直接挂靠在墙体的固定角铁上；
2.角铁的实际尺寸可以根据实际情况厂家以方便原则选定，但是角铁安装的相对位置及角铁上的挂钩开孔位置不能改变；
3.两角铁安装时要跟地面保持绝对平行。误差不得大于2mm

图 3-5 壁挂式终端挂装示意图

级联插座

级联插座

级联插座

图 3-6 级联安装示意图

展柜的安装位置应尽可能靠近主控柜；主控柜和扩展柜之间应用专用电缆连接，接口应采用航空插头。安装空间足够情况下，主控柜与扩展柜之间的间隔应大于 300mm，如图 3-6所示。空间不足时，允许错位安装。

（4）电缆槽架应采用镀锌槽架，并可靠固定，如图 3-7所示。

3.2.2 低压电源接入

如电房附近有公用变压器，则 DTU 低压电源从公用变压器低压侧接取，在变压器低压总开关电源侧增加 1 个专用的小开关并引线至 DTU 处，作为 DTU 工作电源。环境控制箱电源从变压器低压侧分开关接取。如电房附近有 2 台或以上公用变压器，

图 3-7 电缆槽架安装示意图

则分别从 2 台公用变压器接取 2 路低压电源给 DTU 供电，互为备用。

如电房附近没有公用变压器，则在电房内加装 1 台站用变压器，站用变压器二次绕组须有两路工作电源出线，一路接至 DTU 工作电源端子；一路接至环境控制箱。

如电房附近无公用变压器可接取低压电，且没有足够的空间可以安装站用变压器，可考虑安装 TV 柜，由于 TV 容量一般不大，建议 TV 柜低压侧只供电给 DTU。

应做好电房低压电源箱内各路空气开关用途相应标识，如图 3-8 所示。

图 3-8 电房专用电源接线盒贴签

用于提供工作电源的低压线横截面积不得小于 2.5mm^2，且应沿着专用 PVC 线槽敷设，如图 3-9 所示。线槽末端连接处应用阻燃塑料波纹管保护，如图 3-10 所示。

图 3-9　PVC 线槽示意

图 3-10　波纹管示意

3.2.3 开关柜二次端子箱接线

按照厂家提供的开关柜二次接线图，在开关柜二次小箱（建议在柜顶配置独立的二次小箱）进行该回路遥测、遥信、遥控及操作电源接线，如图 3-11 和图 3-12 所示。

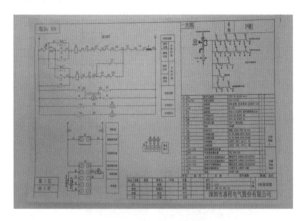

图 3-11 开关柜二次接线回路

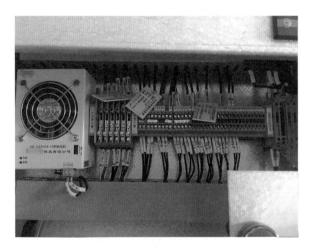

图 3-12 开关柜二次小箱

施工完成后，将开关柜二次小箱端子排接线图粘贴在二次小箱柜门内侧，如图 3-12 所示，以便日后检修维护。

3.2.4 开关柜 TA 安装与接线

1. TA 安装

（1）在 TA 安装接线前，应仔细核对 TA 变比、型号、精度、容量与施工图纸是否一致，如图 3-14 所示。

图 3-13 开关柜端子排图

图 3-14 检查 TA 参数

（2）安装分裂式 TA 之前需检查压接面是否平整、洁净、无氧化、无划痕、无积尘，应仔细检查无氧化、无划痕、无积尘等情况，如图 3-15 所示，压接面锈蚀严重的，应进行除锈或清洁处理。

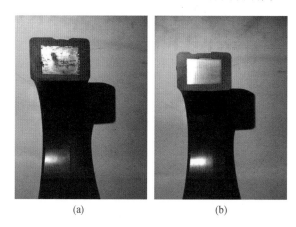

(a) (b)

图 3-15 分裂式 TA 压接面氧化情况

（a）错误；（b）正确

在安装分裂式 TA 时，TA 开口处卡接应紧密平滑，无明显缝隙；同时需用扎带将 TA 绑好固定电缆上，使其所在平面与电缆保持垂直。

注意：必要时，应在 TA 内侧放置 Ω 型固定圈，避免 TA 在运行中误伤电缆本体。安装示意图如图 3-16 所示。

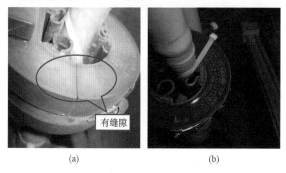

有缝隙

(a) (b)

图 3-16 相 TA 安装示意图

（a）错误；（b）正确

（3）尤其需要注意的是，在安装零序 TA 时，应正确处理好 TA 与电缆铠装屏蔽层接地线的位置关系，要求如下：

受安装条件影响，电缆铠装屏蔽层开口在零序互感器上方的，电缆铠装屏蔽层接地线应由上向下穿过零序互感器，并与电缆支架绝缘，在穿过零序互感器前不允许接地。

电缆铠装屏蔽层开口在零序互感器下方的，电缆铠装屏蔽层接地线应直接接地，不允许再穿过零序互感器。

电缆铠装屏蔽层接地线在与接地极连接之前应包绕绝缘层。安装示意图如图 3-17 所示。

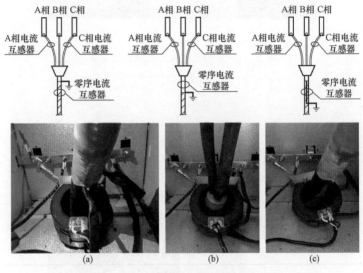

图 3-17　电缆铠装屏蔽层接法示意图

(a) 错误；(b)、(c) 正确

2. TA 接线

施工人员应根据施工图纸进行 TA 接线，TA 的一、二次侧应同极性安装，要求 TA 的一次侧极性端（P1 面）应朝上，二次侧按正极性接线（即 A411 接 S1，N411 接 S2），如图 3-18 所示。进出线柜均应采用正极性接线方式。

每个 TA 接入的遥测回路应有且只有一个接地点，应在开关柜本体或二次小室的铜排处进行接地。接地线采用不小于 $4mm^2$ 黄绿多股软线，接线端必须压线耳（压铜接线端子），不允许漏铜（需

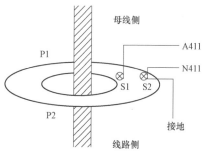

图 3-18 相 TA 安装示意图

要绝缘胶带包好），接地牢固可靠，如图 3-19 所示。

注意：TA 的二次回路应单独接地，不允许串联接地。

图 3-19 TA 接地线安装

图 3-20 开关柜内 TA 接线

TA 接线应牢固可靠，防止二次开路。接线完毕后线缆需用扎带绑好，保持整齐美观，如图 3-20 所示。

应安装好 TA 二次接线端子处的塑料防护盖。

3.2.5 DTU 内部二次接线

DTU 内部二次接线应排列整齐、规范、美观，避免交叉，固定牢靠。

控制电缆线芯在端子排处应留有一定的弯度，如图 3-21 所示，并在遥测、遥信和遥控回路上正确挂上回路标识牌，如图 3-22 所示。

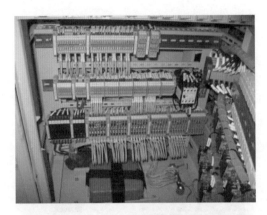

图 3-21　DTU 内部接线

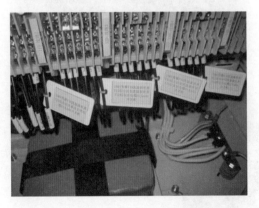

图 3-22　DTU 二次回路挂牌

对于采用光纤通信方式的终端，应用扎带捆好光缆，正确贴上标签，并保持走线美观，如图 3-23 所示；对于采用无线通信方式且安装有增益天线的，应沿着墙壁固定，并将天线伸出固定在电房外。

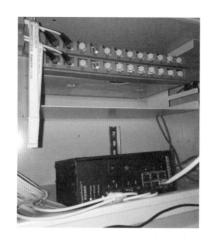

图 3 - 23　光纤交换机及光缆安装图

3.2.6　二次电缆接线与敷设

施工人员应根据施工图纸要求选用符合要求的二次电缆，一般要求如下：TV 二次回路、遥信回路和遥控回路应采用单芯导线横截面不小于 1.5mm² 的阻燃铠装屏蔽层电缆，TA 二次回路应采用单芯导线横截面不小于 2.5mm² 的阻燃铠装屏蔽层电缆。二次电缆不能采用多股软线电缆。

对于二次电缆敷设，当开关柜内部空间足够时，二次电缆可从开关柜二次小箱沿着开关柜内侧自上而下穿过机构室、电缆室经电缆沟接至 DTU，但一、二次电缆不可同孔穿出，应保留足够的安全距离，如图3 - 24所示。

图 3 - 24　开关柜内二次电缆敷设

如果电缆室空间太小，二次电缆不宜从开关柜电缆室、机构室穿过，在不影响开关柜并柜的情况下，宜采用槽架敷设的方式，即所有开关柜二次电缆统一从开关柜二次小室背面或侧面引出，沿着电缆槽架接至DTU，如图3-25所示。

图3-25　二次电缆槽架敷设方式（侧面）

对于沿着电缆沟敷设的二次电缆，敷设应满足相关要求，在电缆沟用支架将二次电缆固定在电缆沟壁，电缆平直敷设，不能交叉，示意图如图3-26所示，实物如图3-27所示；在电缆沟内敷设电缆和使用冲击钻和铁锤安装支架时，禁止将冲击钻和铁锤触碰高压电缆，严禁脚踩高压电缆。

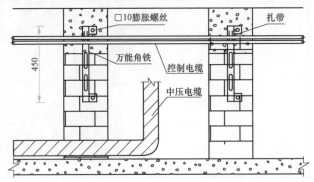

图3-26　壁挂式终端安装示意图（环网柜缆沟剖面图）

图 3-27 二次电缆敷设

施工人员应对 DTU 终端箱体及开关柜的所有孔洞采用防鼠泥封堵，防止小动物进入，如图 3-28 所示。

图 3-28 使用防鼠泥封堵设备孔洞

3.2.7 接地要求

DTU 箱体、开关柜均应可靠接地，不可间接接地，接地线采用横截面积不小于 6mm² 黄绿多股软线，如图 3-29 所示。

二次电缆屏蔽层接地线应使用横截面积不小于 4mm² 黄绿多股软线，接地线两端在 DTU 箱体、开关柜二次小箱处同时接地。

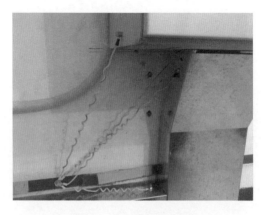

图 3‐29 终端箱体接地

3.2.8 标识要求

1. DTU 箱体标识

应使用统一格式的黄底黑字标签纸对 DTU 箱体进行标识，标识内容应包含：终端安装地址（电房名）、终端 ID、终端 IP；如采用无线公网通信方式，还需填写 SIM 卡号码和序列号。将标签纸贴于 DTU 箱门外侧明显位置，如图 3‐30 和图 3‐31 所示。

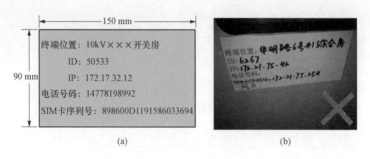

(a)   (b)

图 3‐30 终端标识参考

（a）正确；（b）错误

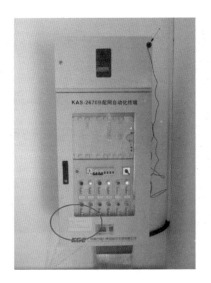

图 3-31　标签纸贴于 DTU 箱体

2. 二次电缆线芯接线套管及电缆标识牌

应分别在 DTU 侧和开关柜侧二次电缆线芯安装接线套管和悬挂电缆标识牌。二次接线套管标识应包含相应的信号名称，套管的粗细、长短应一致且字迹清晰，如图 3-32 和图 3-33 所示。电缆标识牌应包含：电缆编号、起点、终点以及电缆型号，并在电缆标识牌的背面粘贴标注回路名称的标签纸。

图 3-32　二次接线套管示意图

（a）遥测电缆套管标识；（b）遥信电缆套管标识；（c）遥控电缆套管标识

图 3 - 33　二次接线套管实物图

　　应在 DTU 和开关柜二次小箱内按要求悬挂二次电缆牌，正确标明遥测、遥信、遥控二次回路的起始连接关系，如图 3 - 34 和图 3 - 35 所示。

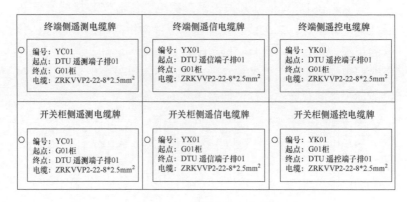

终端侧遥测电缆牌	终端侧遥信电缆牌	终端侧遥控电缆牌
编号：YC01 起点：DTU 遥测端子排01 终点：G01柜 电缆：ZRKVVP2-22-8*2.5mm²	编号：YX01 起点：DTU 遥信端子排01 终点：G01柜 电缆：ZRKVVP2-22-8*2.5mm²	编号：YK01 起点：DTU 遥控端子排01 终点：G01柜 电缆：ZRKVVP2-22-8*2.5mm²
开关柜侧遥测电缆牌	开关柜侧遥信电缆牌	开关柜侧遥控电缆牌
编号：YC01 起点：G01柜 终点：DTU 遥测端子排01 电缆：ZRKVVP2-22-8*2.5mm²	编号：YX01 起点：G01柜 终点：DTU 遥信端子排01 电缆：ZRKVVP2-22-8*2.5mm²	编号：YK01 起点：G01柜 终点：DTU 遥控端子排01 电缆：ZRKVVP2-22-8*2.5mm²

图 3 - 34　电缆标识牌示意图

3. 回路标识

　　应在 DTU 操作面板每回路的电动合分闸操作按钮下方，采用标签纸对所接入的开关回路进行标识（双编号），可遥控的开关注明

图 3 - 35　电缆标识牌实物图

"不可遥控"，不可遥控开关注明"非遥控"，并标明对应回路的回路
名称、相 TA 和零序 TA 变比、精度及容量，如图 3 - 36 所示。

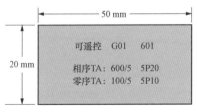

图 3 - 36　回路标识参考

29

4. 开关柜处标识

采用标签纸对所接入的终端回路进行标识，建议张贴于开关

图 3-37 开关柜处标识参考

柜编号下方。可遥控的开关注明"可遥控"，不可遥控开关注明"不可遥控"，并标明本开关柜安装的相 TA 和零序 TA 变比以及精度，如图 3-37 和图 3-38 所示。

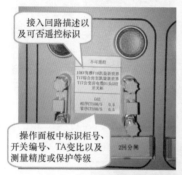

图 3-38 开关柜处标识实物图

5. 标签纸要求

不同馈线联络电缆落火点开关柜对应的标识用红底黑字的不干胶标签纸进行打印，其他开关标识使用黄底黑字的不干胶标签纸进行打印（图文必须是打印版本），如图 3-39 所示。

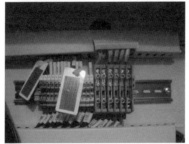

图 3 - 39   标签纸实物图

DTU 调 试 标 准

◉ 4.1 调试前准备

4.1.1 资料准备

在正式开始 DTU 调试之前，应准备如下资料：

（1）开关柜二次部分接线原理图、端子排图。

（2）配电自动化终端二次接线原理图、端子排图。

（3）现场施工图纸。

（4）《配电自动化站所终端（DTU）三遥联调信息表》（见附录 B）。

（5）《配电主站三遥联调记录单》（见附录 C）。

（6）作业指导书或其他现场作业文件资料。

4.1.2 工器具准备

在正式开始 DTU 调试前，应准备如下仪器设备或工器具：

（1）继电保护试验仪（附带二次接线、线夹）。

（2）大电流发生器。

（3）低压电源插线板/线盘。

（4）万用表。

（5）钳形电流表。

（6）绝缘电阻表。

（7）照明设备。

（8）必要时需准备发电机。

4.1.3 外观检查

（1）检查 DTU、TA、控制电缆、通信线、电源线是否已经按照施工图纸要求和上述标准安装。

（2）检查标识牌和标签纸是否正确悬挂和张贴。

4.1.4　回路检查

（1）检查遥测、遥信、遥控的二次接线是否符合施工图纸要求和上述标准。

（2）检查操作电源正负接线是否正确接入，杜绝短路或反接。

（3）检查 TA 二次回路是否开路、TV 二次回路是否短路。

4.1.5　调试前必备条件

DTU 调试前应具备以下条件：

（1）主站与终端间通信正常。确保已申请 DTU 通信卡和 ID 等参数，并在终端及配电气站正确配置，使得终端与配电主站能进行正常的数据通信。

（2）主站系统图模正确。确保在配电主站已完成终端建模，主站侧相应的图形、模型信息与现场一致。

4.1.6　调试风险识别及防范措施

1. 风险识别

（1）使用发电机、继电保护仪、大电流发生器等仪器时，未将其外壳接地。

（2）使用继电保护仪、大电流发生器输出电流时，人体误碰电流回路导线裸露部分。

（3）调试遥测时，因 TA 二次回路接线触点未拧紧，线芯被触碰松脱，导致 TA 二次回路开路。

（4）因操作失误或主站图模错误，导致误遥控带电开关。

（5）调试开关柜电动操作机构时，因 DTU 输出功率不足或电机启动功率过大，导致电机无法转动到位，操作回路未及时切断，电机线圈因通过大电流而受损。

2. 防范措施

（1）试验前，将发电机、继电保护仪、大电流发生器等相关仪器外壳接地，并确保接触良好。

（2）使用继电保护仪、大电流发生器输出电流时，人体与电流输出回路保持一定的安全距离，严禁直接触碰。

（3）调试遥测功能前，先检查 TA 二次回路是否有松脱现象，如有，将螺丝拧紧，确保接线牢靠。

（4）调试遥控功能前，确保主站图模正确；采用遥控工作票，并执行唱票制度，选择并遥控正确的开关。

（5）遥控时，如发现开关柜电机无法转动到位，应切断操作回路。

◉ 4.2 调试标准

4.2.1 终端参数配置

（1）合上终端工作电源控制开关，检查终端状态指示灯运转是否正常，如图 4-1 所示。

图 4-1　终端面板指示灯情况

（2）终端通信参数或系统参数设置。调试人员用串口线或网线连接 DTU 终端和笔记本电脑，并将相应参数，包括终端 ID、IP 地址、网关、主（备）服务器地址、网关地址等，利用专用调试软件上装于终端主控板或 CPU 单元。外置通信模块应提前设置终端厂家对应的端口号等参数，调试前应确保通信模块上线正常、数据交互无误，如图 4-2 和图 4-3 所示。

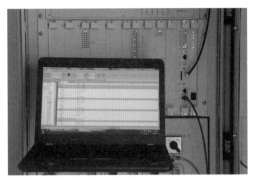

图 4-2　终端与调试笔记本连接

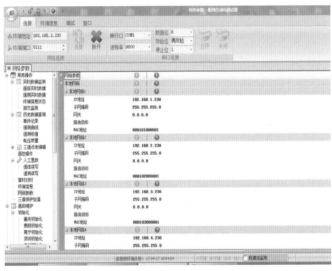

图 4-3　设置参数照片

（3）对时操作。实现终端与主站侧时间同步，如图 4-4 所示。

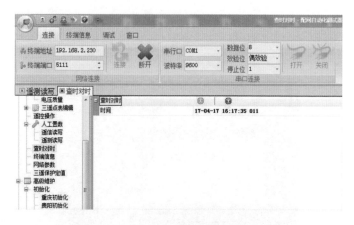

图 4-4　终端对时

（4）点表配置。使用调试软件的点表编辑功能，完成遥测、遥信和遥控点表的配置。需要说明的是，为便于现场操作，一般可根据终端厂家、终端型号、通信方式（光纤、无线或载波）的不同，提前准备好点表模板，直接导入即可，如图 4-5 所示。

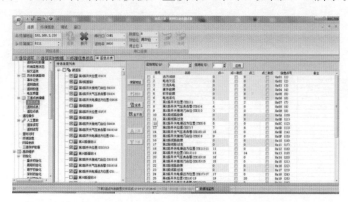

图 4-5　点表配置照片

（5）告警参数设置，如图 4-6 所示。根据回路情况特别是变压器容量，正确设定各回路过电流告警、电流越上限（过负荷）报警、零序过电流告警等定值，参考定值如下：

图 4‑6 告警参数设置照片

1）普通负荷开关柜（K 柜）越上限报警参考定值：相电流 400A，延时 30s。

2）线路故障总告警信号参考定值：相电流 800A，延时 100ms；零序电流 40A ，延时 100ms。

3）高压组合电器柜（R 柜）越上限报警参考定值：相电流为变压器的额定电流的 1～1.2 倍，延时 30s。

4）线路故障总告警信号参考定值：相电流变压器额定电流的 5～8 倍，延时 100ms。零序电流 40A ，延时 100ms。变压器的额定电流（一次值）＝变压器容量/（1.732×一次侧线电压）。

以上参考定值均为一次值，应根据终端的设置要求，若要求二次值输入，则需考虑对应回路的 TA 变比（二次设定值即以上一次参考定值除以 TA 变比）。

（6）查验终端与主站通信情况。调试人员可通过抓取主站与终端间的通信报文，判断主站与终端间的通信情况，同时可通过终端面板对应网口或串口的信号指示灯闪烁情况予以辅助判断。

4.2.2 备用电池检查

（1）初步功能检查。检查蓄电池的类型、外观及铭牌参数是否与设备技术规范一致，例如，检查电池外观是否鼓包、容量是否满足技术规范要求等。切除终端交流电源，检查蓄电池是否可以保证DTU装置正常运行，交、直流切换不影响终端正常运行。

（2）电池活化测试。重新合上交流电源开关，按下电池活化按钮，检查电池活化功能是否正常，如图4-7所示。

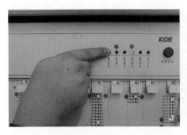

图4-7 电池活化照片

（3）电池性能测试。借助专用的测试仪器，例如，电池容量特性测试仪，测量电池容量、浮充电压、内阻等性能参数，并将测试结果与电池铭牌参数比较，检查是否在合格范围内。

4.2.3 遥测调试

遥测调试内容包括：相序回路遥测调试和零序回路遥测调

图4-8 相回路遥测调试

试，即分别在开关柜的相TA、零序TA的一次侧分别施加试验规定的电流值，核对仪器、终端以及配电主站侧显示的遥测值是否在允许误差范围内，如图4-8所示。

4.2.4 遥信调试

1. 软遥信调试

软遥信调试一般包括各开关回路的过电流告警、电流越上限报警和零序过电流告警，具体调试方法如下：

（1）过电流告警，一般采用二次升流来试验，即在某开关间隔的二次相序电流回路从零开始逐步增加至略小于过流告警定值的电流值，检查该间隔对应的过流告警灯是否点亮，若点亮则检查设置是否正确；如未点亮则继续增加至略大于过流告警定值，检查该间隔对应的过流告警灯是否点亮，如若是则判断该开关间隔"过电流告警"遥信点正常，否则不正常，如图 4-9 所示。

图 4-9 过电流告警信号灯照片

（2）越上限报警，一般采用二次升流来试验，即在某开关间隔的二次相序电流回路从零开始增加至略小于越上限告警定值的电流值，经过设定的延时后，检查该间隔对应的越上限告警灯是否点亮，若点亮则检查设置是否正确；如未点亮则继续增加至略大于越上限告警定值，检查该间隔对应的越上限告警灯是否点亮，如若是则判断该开关间隔"越上限告警"遥信点正常，否则不正常。

（3）零序过电流告警，一般采用一次升流来试验，即在某开关间隔的零序 TA 一次侧施加一定的电流值（略大于零序过流告警定值），检查该间隔对应的零序过流告警灯是否点亮，同样的在该开关间隔的零序 TA 一次侧施加一定的电流值（略小于零序过流告警定值），检查该间隔对应的零序过流告警灯是否熄灭，若是，则判断该开关间隔"零序过电流告警"遥信点正常，否则不正常，如图 4 - 10 所示。

图 4 - 10　零序过电流告警
信号灯照片

依次对所有开关间隔进行软遥信调试，直到调试完毕为止。

2. 硬遥信调试

硬遥信调试内容一般包括：终端公用的"终端禁止调度远控""电池欠压或失电""交流失电""电池活化""DTU 自检硬件异常""DTU 自检软件异常"前六点遥信和各开关间隔的"开关合位""开关分位""低气压告警""地刀合位""开关柜远方"等遥信点。一般调试步骤如下：

（1）终端禁止调度远控。将终端面板上的"远方/就地"把手打到"就地"位置，主站后台同步显示该终端"终端禁止调度远控"遥信状态位为合位；将终端面板上的"远方/就地"把手打到"远方"位置，主站后台同步显示该终端"终端禁止调度远控"遥信状态位为分位，则"终端禁止调度远控"遥信点正常，否则不正常。

（2）电池欠压或失电。调试前确认终端交流电源和备用电池均处于正常接入状态，拔掉备用电池接线插头，模拟失电状态；当采用铅酸电池时，可通过减少电池组容量（电池组为串联，可减掉部分电池）来模拟欠压状态，主站后台同步显示该终端"电池欠压或失电"遥信状态位为合位；插回该接线插头，主站后台同步显示该终端"电池欠压或失电"遥信状态位为分位，则"电池欠压或失电"遥信点正常，否则不正常。

（3）交流失电。调试前确认终端交流电源和备用电池均处于正常接入状态，拉开终端面板上的交流输入低压断路器，主站后台同步显示该终端"交流失电"遥信状态位为合位，且终端自动切换到电池供电状态继续运行；合上该低压断路器，主站后台同步显示该终端"交流失电"遥信状态位为分位，则"交流失电"遥信点正常，否则不正常。

（4）电池活化。调试前确认终端交流电源和备用电池均处于正常接入状态，按下终端面板或电源管理模块上的电池活化按钮，主站后台同步显示该终端"电池活化"遥信状态位为合位，且终端面板或电源管理模块上的"电池活化"指示灯亮；再次按下该活化按钮，主站后台同步显示该终端"电池活化"遥信状态位为分位，且终端面板或电源管理模块上的"电池活化"指示灯熄灭，则"电池活化"遥信点正常，否则不正常。

（5）DTU 自检硬件异常。调试人员拔下终端的某一块插件板（终端必须支持热拔插功能，否则只能通过软件置位模拟），主站同步显示该终端"DTU 自检硬件异常"遥信状态位为合位；插回该插件板，主站同步显示该终端"DTU 自检硬件异常"遥信状态位为分位，则"DTU 自检硬件异常"遥信点正常，否则不正常，如图 4 - 11 所示。

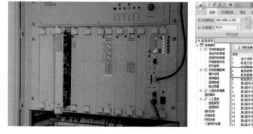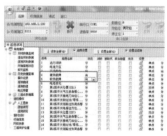

图 4 - 11　自检异常模拟照片

（6）DTU 自检软件异常。一般通过软件置位模拟。

（7）开关合位。通过手动或电动操作方式，将开关间隔的主开关（负荷开关柜对应负荷开关，断路器柜对应断路器开关）置于合闸位置，主站同步显示该间隔"开关合位"遥信状态位为合位，且终端面板该间隔"开关合位"指示灯亮；将开关间隔的主开关置于分闸位置，主站同步显示该间隔"开关合位"遥信状态位为分位，且终端面板该间隔"开关合位"指示灯熄灭，则该间隔"开关合位"遥信点正常，否则不正常。

（8）开关分位。通过手动或电动操作方式，将开关间隔的主开关（负荷开关柜对应负荷开关，断路器柜对应断路器开关）置于分闸位置，主站同步显示该间隔"开关分位"遥信状态位为合位，且终端面板该间隔"开关分位"指示灯亮；将开关间隔的主开关置于合闸位置，主站同步显示该间隔"开关分位"遥信状态位为分位，且终端面板该间隔"开关分位"指示灯熄灭，则该间隔"开关分位"遥信点正常，否则不正常。

（9）低气压告警。调试人员在二次小箱处短接遥信电源与低气压告警辅助触点，主站同步显示该间隔"低气压告警"遥信状态位为合位，且终端面板该间隔"低气压告警"指示灯亮；松开短接线，主站后台同步显示该间隔"低气压告警"遥信状态位为分位，且终端面板该间隔"低气压告警"指示灯熄灭，则该间隔"低气压告警"遥信点正常，否则不正常，如图 4-12 所示。

图 4-12　低气压告警模拟照片

（10）接地开关合位。通过手动操作，将开关间隔的接地开关置于合闸位置，主站同步显示该间隔"地刀合位"遥信状态位为合位，且终端面板该间隔"地刀合位"指示灯亮；将开关间隔的接地刀闸置于分闸位置，主站同步显示该间隔"地刀合位"遥信状态位为分位，且终端面板该间隔"地刀合位"指示灯熄灭，则该间隔"地刀合位"遥信点正常，否则不正常。

（11）开关柜远方。通过手动操作，将开关间隔的"远方/就地"把手置于"远方"位置，主站后台同步显示该间隔"开关柜远方"遥信状态位为合位，且终端面板该间隔"开关柜远方"指示灯亮；将开关间隔的"远方/就地"把手置于"就地"位置，主站后台同步显示该间隔"开关柜远方"遥信状态位为分位，且终端面板该间隔"开关柜远方"指示灯熄灭，则该间隔"开关柜远方"遥信点正常，否则不正常。

依次对所有开关间隔进行软遥信调试，直到调试完毕为止。

4.2.5 遥控调试

如 DTU 和开关柜都具备三遥功能，应开展遥控调试。

1. 分合闸及闭锁逻辑调试

测试配电主站遥控操作、DTU 面板遥控操作、开关柜就地操作时，开关柜是否能正确分合闸，并核实对应的信号指示灯指示是否正常。同时应测试终端的远方/就地、开关柜远方/就地的闭锁逻辑能否满足要求，逻辑见表 4-1。

表 4-1　　　　　　　测试远方/就地逻辑闭锁

DTU	开关柜	配电主站远方遥控操作	DTU 遥控操作	开关柜操作
远方	远方	√	×	×
	就地	×	×	√
就地	远方	×	√	×
	就地	×	×	√

另外，测试终端遥控分、合闸压板的闭锁逻辑功能是否满足

要求。在远方/就地逻辑满足要求的情况下，按表4-2进行测试。

表4-2　　　　　　　　测试遥控分合闸逻辑闭锁

遥控分、合闸压板状态	配电主站远方遥控操作	DTU遥控操作	开关柜操作
投入	√	√	√
退出	×	×	√

2. 五防连锁功能测试

测试电操机构的五防连锁功能，即在接地开关合闸情况下，开关柜应闭锁电动操作功能。逻辑见表4-3。

表4-3　　　　　　　　测试五防连锁功能

状态 名称	接地开关合位	接地开关分位
开关电动操作功能	×	√

调试如图4-13所示。

图4-13　接地开关合位时调试人员就地按合闸按钮

3. DTU输出能力测试

测试终端在仅有蓄电池或交流电源输入时，终端是否能输出足够功率，控制开关柜分合闸3次。

05

DTU 验收规范

⊙ 5.1 验收前准备

5.1.1 验收前提

一次设备、DTU、通信装置均已完成现场安装和接线，并与配电主站完成联调（集中式）或已完成系统联调（智能分布式）。

5.1.2 资料检查

（1）新增设备的出厂说明书及产品合格证。

（2）一次设备、DTU 与配电主站的联调报告。

（3）施工及竣工图纸。

（4）附录 D《配电自动化站所终端（DTU）投产前验收申请表》、附录 E《配电自动化站所终端（DTU）工程安装验收记录表》、附录 B《配电自动化站所终端（DTU）三遥联调信息表》。

5.1.3 工器具检查

检查继电保护仪、低压电源插座、万用表、钳形电流表、绝缘电阻表、二次接线、线夹、开关柜操作手柄等工器具是否齐全、合格。

⊙ 5.2 验收内容及要求

5.2.1 安装及接线验收

结合竣工图纸，参照"3.2 施工标准"逐步开展验收，并将验收结果填入《配电自动化站所终端（DTU）工程安装验收记录表》。

1. 终端本体验收

验收过程及注意事项如图5-1～图5-7所示。

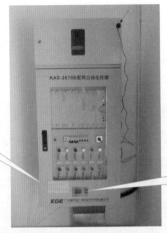

标识应包含：终端安装地址（电房名称）、IP、ID、SIM卡号与电话号码等信息，不干胶标签纸张贴于箱门外侧明显位置

检查DTU在显著位置应设置蚀刻不锈钢铭牌，标示内容包含名称（DTU）型号、装置电源、操作电源、额定电压、额定电流、产品编号、制造日期以及厂家名称等信息

图5-1 终端本体验收（标识牌与铭牌）

箱体内的设备电源应相互独立；装置电源、通信电源、后备电源应由独立的空气开关控制

操作面板中标示TA变比以及测量精度或保护等级

接入回路描述以及可否遥控标识

图5-2 终端本体操作面板标识验收

遥控回路导线截面不小于1.5mm²；排列美观整齐；悬挂标识牌

遥信回路导线截面不小于1.5mm²；排列美观整齐；悬挂标识牌

二次接线应排列整齐，避免交叉，固定牢靠

接线套管的粗细、长短应一致且字迹清晰，建议采用打印

遥测回路导线截面不小于2.5mm²；排列美观整齐；遥测线需保持一定弯度，且回路标识牌悬挂于对应回路其中一根导线上，以便于维护

图 5-3　终端接线验收 1

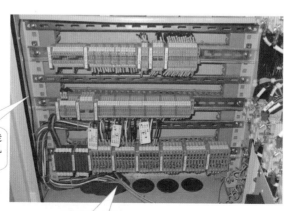

通信线注意走线美观，需用扎带捆绑

电缆口须用防鼠泥封口

图 5-4　终端接线验收 2

软线与线耳驳处锡焊接，不应漏铜

电缆屏蔽层接地线不小于4mm²黄绿多股软线

终端箱体接地应使用6mm²多股接地线

电缆屏蔽层接地线应与DTU接地铜牌可靠连接

禁止间接接地，需从终端接地铜牌直接引至电房接地网

独立的不锈钢接端子与外壳可靠连接。接地线应使用6mm²多股接地线

间接接地

直接接地

终端箱体接地与电房接地网一点连接

图 5-5 终端接线验收 3

低压电源接线连接处应用阻燃塑料波纹管保护

图 5-6 终端接线验收 4

图 5 - 7　终端接线验收 5

2. 二次电缆验收

二次电缆验收如图 5 - 8 所示。

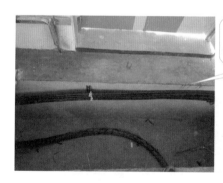

图 5 - 8　二次电缆走向验收

3. TA 安装验收

TA 安装验收如图 5 - 9 ～图 5 - 11 所示。

4. 开关柜二次部分验收

开关柜接线验收如图 5 - 12 所示。

柜内遥测电缆应采用铠装屏蔽电缆，截面不小于 2.5mm²；穿过开关柜部分应保留电缆钢铠；线缆需用扎带绑好，整齐美观，并悬挂相应标识牌

需用扎带将 TA 绑好，使其所在平面与该分支套管保持垂直

(1) 二次回路应有且只有一个接地点，在开关柜处接地。
(2) 每相单独接地，不允许串联接地。
(3) 接地线采用不小于 4mm² 黄绿多股软线。
(4) 接线端须压线耳，不允许漏铜

需用扎带将 TA 绑好，使其所在平面与该分支套管保持垂直；TA 与肘型头之间的距离应满足电缆终端头安全运行要求

卡接紧密平滑，用拇指抚摸分裂结合处，应无明显缝隙

图 5-9　TA 安装验收 1

需用欧姆型固定圈将 TA 固定在电缆上并用扎带将 TA 绑好，使其所在平面与该分支套管保持垂直

卡接紧密平滑，用拇指抚摸分裂结合处，应无明显缝隙

TA 的变比以及精度或保护等级等规格应不低于设计图纸的要求

二次接线防护盒需紧固

若为分裂式 TA，则 A、C 相以及零序 TA 的屏蔽线应接至同一接地端子

图 5-10　TA 安装验收 2

二次电缆应采用铠装铜屏蔽电缆,不能采用多股线

电缆口采用防鼠泥封堵

图 5-11 TA 安装验收 3

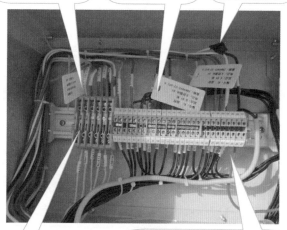

电缆走向标示明晰,按照施工标准,线缆挂牌齐备,需用扎带绑好

各类控制缆按照施工标准悬挂标识牌,齐备明晰

预留控制线需用绝缘胶布缠绕,不允许裸导线悬空

遥测端子必须是6个接线端子

连体柜的多个开关柜共用一个气压表,则需开关柜端子排处将连体的多个柜的低气压告警信号端子点并接,不允许在终端端子排处并接

图 5-12 开关柜接线验收

5.2.2 联调验收

1. 配电主站联调验收准备

（1）查看终端在配电主站中是否在线。

（2）查看终端时钟是否与配电主站时钟同步。

（3）配电主站需做好遥控开关的设置工作，不允许在配电主站对应开关图形"人工置位"。

2. 终端本体功能验收

（1）状态指示灯运转正常，各开关按钮位置确认正确。

（2）终端有唯一的通信 IP 和 ID 号，且现场与配电主站相一致。

（3）检验终端禁止调度远控遥信点是否正常。

（4）检测终端本体硬件、软件异常告警功能。

3. 蓄电池功能验收

（1）按照终端技术条件书要求检查标称容量。

（2）检查蓄电池外观无鼓胀、功能是否正常。

（3）交、直流切换不影响终端正常运行。

（4）检查"电池欠压""电池活化"等遥信点是否正确。

4. 遥测功能验收

（1）在一次侧施加电流方法对 TA 做升流试验，检验 TA 安装是否正常、变比是否正确。不应采用同一根测试线串入多个 TA 进行升流试验，防止不能发现接线错误。

（2）查看现场输入电流值是否与配电主站电流值在一定的误差之内（误差绝对值在 3％内为合格）。施加电流时，应启动继保装置的同步计时功能，检定遥测值由终端传至配电主站时间。

（3）联调时需考虑现场与配电主站的时序配合问题（核对遥测值时应尽量确保是同一时刻的值）。

5. 升流验收

（1）在二次侧施加电流对终端做升流试验（相序），检验告警功能是否正确动作。

（2）在一次侧施加电流对终端做开流试验（零序），应考虑持续加流时间不宜过长，避免损坏 TA 或测试线过热损毁。

（3）当工程含熔丝柜时，需根据变压器的额定容量考虑保护定值。

（4）不允许把规定有接地端的测试仪表直接接入直流电源回路中，以防止发生直流电源接地。

（5）升流模拟故障后，DTU 应产生相应的事件记录 SOE，并将事件记录立即上报给配电主站，配电主站应有正确的故障告警显示和相应的事件记录，应采用人工复归的方式设置。

6. 状态量验收

（1）配电主站人机界面显示的各状态量的开、合状态应与实际状态量的开、合状态一一对应。

（2）共箱式开关柜的"气压表异常告警"信号应在所有柜中开关柜侧短接相应端子模拟，共箱式开关柜对应所有回路的"气压表异常告警"信号应同时显示。

（3）状态量变位后，配电主站应能收到 DTU 产生的事件顺序记录（SOE）。

7. 遥控验收 （针对三遥终端）

（1）验收之前需要求施工单位在涉及的环网柜张贴回路描述标签，在遥控验收之前检查配电主站图模与现场标签是否完全正确。

（2）DTU 终端具备三遥功能情况下，开关柜本地按下分闸、合闸按钮，查看开关能否正确分、合闸，终端对应的信号指示灯指示是否正常，对应的遥信点位是否正确。

（3）配电主站向 DTU 发分/合控制命令，控制执行指示应与选择的控制对象一致，选择/返校过程正确，实际开关应正确执行跳闸/合闸。

（4）就地向 DTU 发分/合控制命令，控制执行指示应与选择的控制对象一致，选择/返校过程正确，实际开关应正确执行跳闸/合闸。此时若配电主站发分/合控制命令，应提示"遥控返校超时"。

（5）应测试 DTU 的远方/就地、开关柜远方/就地的闭锁逻辑能否满足要求，逻辑表见表 5 - 1。

表 5 - 1　　　　　　　　　测试远方/就地逻辑闭锁

DTU	开关柜	配电主站远方遥控操作	DTU 遥控操作	开关柜操作
远方	远方	√	×	×
	就地	×	×	√
就地	远方	×	√	×
	就地	×	×	√

（6）DTU 具备三遥功能情况下，应测试终端遥控分、合闸连接片的闭锁逻辑功能是否满足要求。在远方/就地逻辑满足要求的情况下，按逻辑表 5 - 2 测试。

表 5 - 2　　　　　　　　　测试遥控分合闸逻辑闭锁

遥控分、合闸连接片状态	配电主站远方遥控操作	DTU 遥控操作	开关柜操作
投入	√	√	√
退出	×	×	√

（7）开关设备已安装电动操作机构情况下应测试电操机构的五防连锁功能，在接地开关合闸情况下应闭锁对应开关柜的电动操作功能。逻辑表见表 5 - 3。

表 5 - 3　　　　　　　　　测试五防连锁功能

功能＼名称	接地开关合位	接地开关分位
开关电动操作功能	×	√

检查本地是否听到终端继电器动作的声音，此时配电主站应提示"返校正确，未收到成功事项"。

（8）测试终端在仅有蓄电池或交流电源输入时，终端是否能对开关柜进行分合闸操作。

8. 联调验收结束

（1）配电主站端参照《配电主站三遥联调记录单》对接入调试情况进行记录。

（2）查看终端低压断路器是否恢复。

（3）查看终端遥测电流上送方式是否正确。

（4）确认所有故障信息是否复归，终端是否已经在线。

（5）若有站用变压器或 TV 柜，则需等待送电结束，确认低压电源是否正常。

5. 3   验收评价

5.3.1   验收合格的依据

投产前验收达到以下要求时，可认为验收通过：

（1）装置的文件、资料及相应的维护软件、线材齐全。

（2）所有软、硬件设备型号、数量、配置均符合项目合同技术协议的要求。

（3）综合性能指标的测试结果满足测试各项参照指标和相关规范条款的规定。

（4）验收结果无缺陷，且偏差项目、工程化问题总数不得超过测试项目总数的 5%。

5.3.2   验收不合格的依据

验收中存在任何不满足 5.3.1 第（1）～（4）项的，均认为是不合格的。

FTU 施工标准

◉ 6.1 施工前准备

6.1.1 现场勘察内容及要求

施工单位在施工前需对相关杆、塔进行勘察，了解周围环境并拍照，测试无线信号强度，在申请终端的 ID、IP 等信息时一并提供给运行部门。

需勘察的内容及要求如下：

（1）FTU、TV 的安装位置。

（2）预估 FTU 控制电缆、TV 二次电缆的长度。

（3）确定 FTU 所采用的通信方式，如架空线路有光纤或载波通信接口，可选用光纤或载波通信，并确定通信通道建设路径以及所需的材料等；如采用无线通信，需检测并记录杆塔附近不同运营商无线信号强弱，确认终端安装位置的无线信号强度是否满足运行要求。

（4）确定所需的二次电缆、施工辅材的型号和数量。

6.1.2 设备及材料准备

结合现场勘察结果，确认施工图纸中的主要设备和材料是否能满足工程所需，并保证施工前所有设备、材料及工器具准备到位。

6.1.3 施工风险识别及防范措施

1. 风险识别

（1）误登带电杆塔、误碰带电线路。

（2）施工地点离邻近 10kV 带电线路安全距离不足。

（3）安全措施未落实到位，导致线路倒供电，引起人身伤亡，如 TV 二次线接入试验电源、工作线路两端未完全接地等。

（4）误接线导致 TV 二次侧短路、FTU 工作电源短路、操作电源短路、电池正负极短路、开关电机反接、TA 二次侧开路。

（5）接线虚短或虚断。

（6）未佩戴安全帽和手套、未穿工作服和绝缘鞋导致肢体刮伤、撞伤、压伤；未系好安全带导致人身坠落。

（7）未按要求施工导致的设备及人身伤害。

2. 防范措施

（1）严格执行"停电、验电、挂接地线"的安全工作措施，做好安全围蔽、警示，防止误登带电杆塔。

（2）做好安全技术交底，执行监护制度，确保与带电线路保持一定安全距离。

（3）严格执行两票制度，落实安全技术措施，杜绝倒供电现象。

（4）严格按照施工图纸、设备电气原理图接线，确保接线正确。

（5）确保控制电缆线芯与接线端子接触良好，必要时用万用表检验相关回路是否短接或断开。

（6）正确佩戴安全帽和手套，正确穿着工作服和绝缘鞋；登杆塔时，遵循"高挂低用"原则，佩戴并系好安全带。

（7）严格按照其他操作要求施工。

◉ 6.2 施工标准

6.2.1 FTU 安装

1. 安装前检查

（1）核对出厂清单，检查 FTU 及附属装置数量、图纸资料、出厂试验报告、合格证、技术说明书等是否与装箱记录一致。

（2）检查 FTU 是否在显著位置蚀刻不锈钢铭牌，铭牌内容是否包含名称（FTU）型号、产品编号、制造日期及制造厂家名称、装置电源、操作电源、额定电压等，如图 6 - 1 所示。

终端在显著位置应设置蚀刻不锈钢铭牌，标示内容包含名称（FTU）型号、工作电源、操作电源、额定电压、额定电流、出厂编号以及厂家名称等信息

图 6 - 1　FTU 铭牌

（3）要求 FTU 箱体密封良好，箱体有足够的支撑强度，箱门开关顺畅、不卡涩，关闭自如。箱体无明显的凹凸痕、划伤、裂缝、毛刺、锈蚀等，喷涂层无破损、不应脱落。

（4）箱体内的设备、元器件安装应牢靠、整齐、层次分明，各种模块插件与主板总线接触良好、插拔方便，熔丝和功能连接片等安装牢固，接触良好。

（5）箱体内的设备电源相互独立，装置电源、控制电源、通信电源应由独立的低压断路器控制，采用专用直流、交流低压断路器。

（6）FTU 内部二次接线与施工图纸相符；端子排、接线紧固可靠，无积尘、受潮及放电痕迹；电源回路、电流回路、控制回路二次电缆无划伤、裂缝等，能承受一定的弯度；二次接线套管的粗细、长短应一致且字迹清晰，套管采用打印，不同截面的电缆芯，不允许接入同一端子，同一端子接线不宜超过两根；二次接线应排列整齐，避免交叉，固定牢靠；航空插头能与开关本体、FTU 完好连接。

58

（7）FTU 内部控制面板易打开，内部控制面板的按钮之间的距离应满足技术条件书要求，应将不同功能的按钮及低压断路器安排在不同的部位以及相关控制按钮需有防误碰或误操作的措施，并有明显的标识。

（8）FTU 内部接地检查。终端外壳有独立的不锈钢接地端子（不可涂漆），并与内侧可靠连接，连接线的线径不应小于 $6mm^2$，如图 6-2 所示。

连接线的线径不应小于 $6mm^2$

图 6-2　FTU 内部接地线径要求

（9）相关的二次接口以及二次电缆的密封、防水措施是否满足运行要求。

（10）查看蓄电池外观是否无鼓胀，标称容量是否符合技术条件书要求。若为 24V，电池容量 $\geqslant$ 17Ah；若为 48V，电池容量 $\geqslant$ 7Ah。

2.FTU 本体安装要求

（1）安装高度。箱体的安装高度应符合按设计要求，安装应离地 3m 以上，5m 以下，且与一次设备的距离大于 1m，箱体的安装位置需结合安装处杆、塔型号及开关的安装位置确定。

注意：FTU 的安装位置太低容易受破坏，安装位置太高不利于维护，3～5m 是比较合适的高度。10kV 带点设备的安全距离是 0.7m，考虑到冗余度，要求 FTU 离一次设备的距离大于 1m。

（2）固定方式。箱体宜采用挂装式安装，并保证在杆、塔上有两个及以上固定点，安装横平竖直、固定牢固，如图 6 - 3 所示。

（1）终端采用挂式安装，在杆塔上有2个及以上固定点，终端安装横平竖直。

（2）终端二次电缆连接好后应对电缆进行加固，防止电缆芯线接线端子受力松脱，冗余的二次线缆应顺线盘留在箱体下方，并做好固定

图 6 - 3 FTU 本体安装及二次电缆加固

（3）接地方式。FTU 应有专用的接地体，要求接地线和接地体紧密连接，接地线不小于 25mm^2，如图 6 - 4 所示。

终端箱体接地应使用25mm²接地线

图 6 - 4 FTU 接地体及接地线

（4）对于同杆塔双回路，要求 FTU 安装在对应线路、开关的同一侧。

（5）标识检查。应事先打印好黄底黑字的不干胶标签纸对箱体进行标识（图文必须是打印版本），标识应包含：终端安装地址（馈线名称、杆塔号）、开关类型、终端ID、终端IP，如采用无线公网通信方式，还需填写电话号码和SIM卡序列号，如图6-5所示。标签纸张贴于箱内侧明显位置。

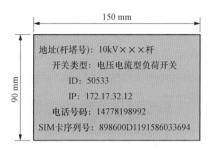

图 6 - 5　终端标识参考

6.2.2　FTU 二次电缆接线

1. 选型要求

（1）根据施工图纸要求，选择符合要求的二次电缆。

（2）FTU 控制电缆的 TA 二次回路应采用导线横截面不小于 2.5mm² 的线芯，电压、控制回路应采用导线横截面不小于 1.5mm² 的线芯，控制电缆应满足阻燃要求。

（3）FTU 外壳接地线应使用横截面积不小于 6mm² 的多股接地线；FTU 箱体接地线应使用横截面积不小于 25mm² 的单股接地线。

2. 接线及敷设要求

（1）FTU 电源、电压遥测回路接自 TV 电源侧、负荷侧的二次接线盒；电流回路、控制回路接自开关本体，所有二次电缆外部接线完整、无破损，与开关、TV 连接位置正确、牢固，接线整齐、美观，做好防水要求。

（2）TA 二次回路严禁开路；TV 二次回路严禁短路。

（3）连接开关和 FTU 的控制电缆应沿着横担、杆塔敷设，并牢固固定，冗余的二次线缆应在 FTU 处顺线盘留在箱体下方，并固定牢靠。

（4）FTU 及二次电缆能防水、防小动物破坏，终端箱防水胶条完好。

（5）在 FTU 接地端子、杆塔接地端两处连接好接地线，确保 FTU 本体接地良好、可靠。

（6）FTU 外置通信天线应统一朝下，如图 6-6 所示。

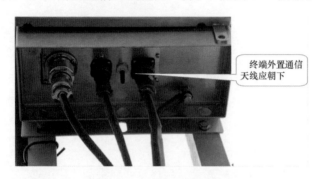

终端外置通信天线应朝下

图 6-6　FTU 外置通信天线

6.2.3　开关、TV 安装及一次接线

1. 安装要求

（1）检查开关出厂说明书、合格证完备，铭牌清晰；开关本体外形结构完好、无损坏；开关本体有明显的进出线标识、相序标识、分合闸标识。按照施工图纸要求安装开关，开关电源侧、负荷侧方向正确，开关一次侧引线不允许交叉，如图 6-7 所示。

（2）开关安装位置有足够的支撑强度或悬挂力度，且安全距离符合要求，安装位置不宜太高，方便运维人员进行维护，开关尽量安装在能方便观察分合闸状态、操作方便的位置，如图 6-8 和图 6-9 所示。

（3）检查 TV 出厂合格证、接线图纸完备，铭牌清晰；本体外形结构完好。电源侧、负荷侧 TV 一次接线不得交叉。

图 6 - 7　柱上开关电源侧负荷侧接线图

图 6 - 8　柱上自动化开关吊装示意图

图 6 - 9　柱上开关座式安装示意图

2. 接线要求

（1）开关、TV 本体接地端子需连接至主接地网，接地线径不小于 25mm²。

（2）TV 一次高压连接导线的截面应不小于 25mm²。应连接在隔离开关内侧，连接处宜采用带电接线环安装。TV 一次接线应牢固、可靠，与 TV 接线柱连接处应采用线耳压接，以免损坏 TV 的高压端子。

（3）TV一次侧引线不允许交叉。如电源侧、负荷侧的 TV 都是单相 TV，则电源侧 TV 一次侧接 A、B 相，负荷侧 TV 一次侧接 B、C 相。TV 安装示意图如图 6-10 所示。

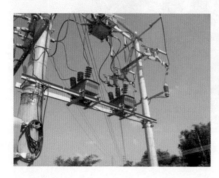

图 6-10　TV 安装图

（4）各种典型的柱上开关 TV 一二次接线方式。

柱上开关 TV 接线方式需按照厂家提供的二次图纸，结合设计图进行接线，主要有如下三种接线方式。

1）电源侧单相 TV、负荷侧单相 TV，一二次典型接线示意图如图 6-11 所示。

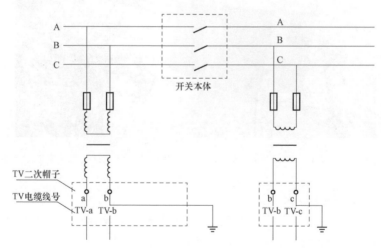

图 6-11　电源侧单相 TV、负荷侧单相 TV 二次典型接线示意图

2）电源侧为三相四柱式 TV、负荷侧为单相 TV，一二次典型接线示意图如图 6-12 所示。

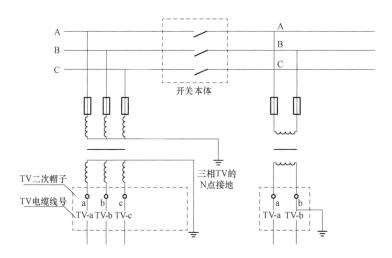

图 6-12 电源侧三相四柱式、负荷侧单相 TV 典型接线方式

3）电源侧为三相五柱式 TV、负荷侧为单相 TV，一二次典型接线示意图如图 6-13 所示。

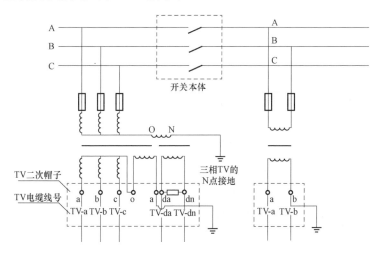

图 6-13 电源侧三相五柱式、负荷侧单相 TV 典型接线方式

6.2.4 TV 二次电缆接线

1. 接线方式

TV 二次侧绕组数量及接线情况需根据施工图纸、TV 出厂说明书来确定。

(1) 单相 TV 二次侧一般有一个绕组，分别为 1a、1b，需根据施工图纸、TV 出厂说明书进行接线，如图 6-14 所示。

图 6-14 单 TV 一次侧接线示意图

(2) 三相四柱式 TV 一次、二次绕组示意图如图 6-15 所示。二次侧一般有三个绕组，分别为：

绕组一：1a、1b、1c、1n，通常用于线路电压采集与监测，额定线电压 100V。

绕组二：2a、2b、2c、2n，通常用于 FTU 工作电源，额定相电压 220V。

绕组三：da、dn，通常用于采集线路零序电压。

施工时，需将 1n、2n、dn 短接后一点接地。三相四柱式 TV 一次侧接线示意图如图 6-16 所示。

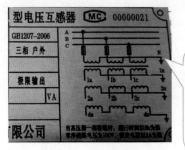

三相四柱式TV一二次接线图，一次侧有一个绕组，二次侧有三个绕组。一次侧有A、B、C、N四个接线端子。二次侧有三个绕组，共1a、1b、1c、1n、2a、2b、2c、2n、da、dn十个端子，da与dn之间为零序电压，1n、2n、dn短接后一点接地

图 6-15 三相四柱式 TV 一次、二次绕组示意图
(二次侧有三个绕组)

（3）三相五柱式 TV 二次侧绕组与三相四柱式 TV 类似，也有三个绕组，分别为：

绕组一：1a、1b、1c、1n，通常用于线路电压采集与监测，额定线电压 100V。

绕组二：2a、2b、2c、2n，通常用于 FTU 工作电源，额定相电压 220V。

绕组三：da、dn，通常用于采集线路零序电压。

图 6-16　三相四柱式 TV 一次侧接线示意图

施工时，需将 1n、2n、dn 短接后一点接地。

三相四柱式 TV 与三相五柱式 TV 的主要差别在于，三相四柱式 TV 一次侧中性点直接接地，三相五柱式 TV 一次侧中性点经零序绕组接地。

根据施工图纸、TV 出厂说明书进行接线，如图 6-17 所示。三相五柱式 TV 一次、二次绕组示意图如图 6-18 和图 6-19 所示。

图 6-17　三相五柱式 TV 一次侧接线示意图

67

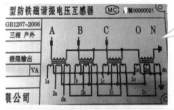

三相五柱式TV一二次接线图，一次侧有一个绕组，二次侧有三个绕组。一次侧有A、B、C、N四个接线端子，O为一次侧中性线端子，未引线。二次侧有三个绕组，共1a、1b、1c、1n、2a、2b、2c、2n、da、dn十个端子，1o、2o为二次侧中性线端子，da与dn之间为零序电压，1n、2n、dn短接后一点接地

图6-18 三相五柱式TV一次、二次绕组示意图（二次侧有三个绕组）

三相五柱式TV一二次接线图，一次侧有一个绕组，二次侧有一个绕组。一次侧有A、B、C、N四个接线端子，O为一次侧中性线端子，未引线。二次侧有一个绕组，共a、b、c、n、da、dn六个端子，o为二次侧中性线端子，da与dn之间为零序电压，1n、2n、dn短接后一点接地

图6-19 三相五柱式TV一次、二次绕组示意图（二次侧有两个绕组）

2. 接线要求

检查连接到 TV 的二次电缆剥去防护层的部分是否完全插入到二次盒内，并用胶套固定，用玻璃胶封堵，确保 TV 二次电缆不浸水，如图 6-20 和图 6-21 所示。

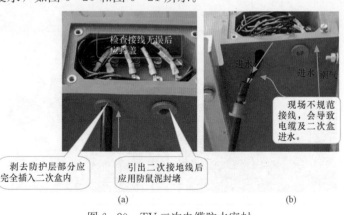

检查接线无误后应再盖

进水

进水 潮气

现场不规范接线，会导致电缆及二次盒进水。

剥去防护层部分应完全插入二次盒内

引出二次接地线后应用防鼠泥封堵

(a)   (b)

图6-20 TV 二次电缆防水密封

（a）规范二次接线工艺；（b）不规范的现场二次接线

TV二次电缆接线处的防水、密封应做特别处理，TV的二次电缆剥去防护层的部分用玻璃胶封堵，确保TV二次电缆不浸水

图 6-21　TV 二次电缆在 TV 二次接线盒处用玻璃胶密封

FTU 调 试 标 准

⊙ 7.1 调试前准备

7.1.1 资料准备

检查附录 F《配电自动化馈线终端（FTU）功能记录表》、附录 G《配电主站三遥联调记录单》是否准备完毕。

如 FTU 对应的开关是柱上智能电压型负荷开关，则需准备附录 H《柱上智能电压型负荷开关逻辑功能调试记录表》。

如 FTU 对应的开关是柱上智能电流型负荷开关，则需准备附录 I《柱上智能电流型负荷开关逻辑功能调试记录表》。

如 FTU 对应的开关是柱上智能断路器，则需准备附录 J《柱上智能断路器保护功能调试记录表》。

7.1.2 工器具检查

检查三相继电保护仪、低压电源插座、万用表、钳形电流表、绝缘电阻表、二次线缆、线夹等工器具是否齐全、合格。

7.1.3 外观检查

（1）检查 FTU、控制电缆是否已经按照施工图纸要求和上述标准安装。

（2）检查标识牌和标签纸是否正确悬挂和张贴。

7.1.4 回路检查

（1）检查遥测、遥信、遥控的二次接线是否符合施工图纸和技术标准要求。

（2）检查操作电源接线是否正确，杜绝短路或反接。

（3）检查 TA 二次回路是否开路、TV 二次回路是否短路。

7.1.5 调试前必备条件

1. FTU 具备通信条件

明确通信方式，如采用光纤或载波通信，确保通信链路可靠；如采用无线通信，确保已申请 SIM 卡，确定 FTU 的 IP 地址和 ID 号。

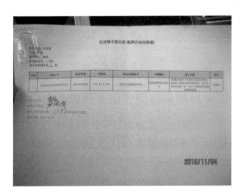

图 7 - 1 自动化通信卡领取表

2. 配电主站图模正确

检查配电主站网络接线图是否与现场架空线接线情况一致、线路开关描述是否与现场柱上开关情况一致。若不一致，修正主站侧相应的图形、模型信息。

3. 配备调试电源

施工现场应配备安全可靠的独立试验电源。

4. 确定 FTU 保护定值

运行单位已出具 FTU 保护定值单。

7.1.6 调试风险识别及防范措施

1. 风险识别

（1）使用发电机、继电保护仪、大电流发生器等仪器时，未将其外壳接地。

（2）使用继电保护仪、大电流发生器输出电流时，人体误碰电流回路导线裸露部分。

（3）遥测调试时，因 TA 二次回路接线触点未拧紧，线芯被触碰松脱，导致 TA 二次回路开路。

（4）因操作失误或主站图模错误，导致误遥控带电开关。

（5）电动操作时，因 FTU 输出功率不足或电动机启动功率过大，电动机无法转动到位，操作回路未及时切断，导致电动机线圈因通过大电流而受损。

2. 防范措施

（1）试验前，将发电机、继电保护仪、大电流发生器等相关仪器外壳接地，确保接触良好。

（2）使用大电流发生器输出电流时，人体与电流输出回路保持一定的安全距离，严禁直接触碰。

（3）遥测功能功能前，检查 TA 二次回路是否有松脱现象，螺丝拧紧，确保接线牢靠。

（4）遥控功能调试前，确保主站图模正确；执行唱票制度，选择并遥控对应的开关。

（5）遥控时，如发现电机无法转动到位，应迅速切断操作回路。

◉ 7.2 调试标准

7.2.1 FTU 上线调试

（1）合上 FTU 电源控制开关，检查终端状态指示灯是否正常。

（2）用串口线或网线连接 FTU 和笔记本电脑，通过计算机上的调试软件，设置 IP、ID 号。

（3）在配电主站建立 FTU 相应的信息库，确保 IP 、ID 与现场 FTU 保持一致。

（4）查看 FTU 在配电自动化系统是否在线，未上线需调试上线。

（5）查看 FTU 时钟是否与配电自动化系统主站时钟同步，未同步需在主站侧发送对时命令，完成对时操作。

7.2.2 三遥联调

1. 遥测调试

（1）核对开关的 TA 变比、精度是否与施工图纸一致。

（2）核对 TV 的变比、精度是否与施工图纸一致。

（3）在一次侧对开关 TA 进行升流，测试 TA 安装是否正常，变比、二次接线是否正确，查看现场输入电流值是否与配电主站电流值在一定的误差之内（误差绝对值在 3％内为合格）。

（4）在开关本体 A、B、C 三相加相等大小、角度互差 120°电流，并查看是否存在零序电流。

（5）在一次侧对 TV 进行升压，测试 TV 安装是否正常，变比、二次接线是否正确，查看现场输入电压是否与主站电压在一定的误差之内。

2. 遥信调试

（1）对开关进行分合闸操作，开关分闸、分闸及开关储能信号应能及时上传到配电主站。

（2）状态量变位后，主站能收到终端产生的事件顺序记录。

（3）通过插拔控制电缆等方法，测试装置总告警信号是否可以上传到主站。

（4）切断装置交流电源，测试交流失压信号是否可以上传到主站。

3. 遥控调试

（1）遥控调试之前检查主站图模与现场是否完全一致。

（2）FTU 具备三遥功能情况下，终端"远方/就地"旋钮位于"就地"位置，在终端本体进行分合闸操作，开关应正确执行跳闸/合闸，此时若主站发分/合控制命令，开关不应动作。

（3）FTU 终端具备三遥功能情况下，终端"远方/就地"旋钮位于"远方"位置，在主站进行分合闸操作，开关应正确执行跳闸/合闸，若此时在终端本体进行分合闸，开关不应动作。

（4）测试终端的远方/就地的闭锁逻辑能否满足要求，逻辑见表 7-1。

表 7-1　　　　　　　测试远方/就地逻辑闭锁

FTU	主站系统远方遥控操作	终端遥控操作	手动操作开关
远方	√	×	√
就地	×	√	√

（5）需要在以下三种情况下对开关进行分合闸操作：

1）只有交流电的情况下操作开关。

2）只有蓄电池的情况下操作开关。

3）同时有交流电和蓄电池的情况下操作开关。

4）以上三种只要有一种不合格，认为调试不合格。

终端三遥联调见附录 F 和附录 G。

7.2.3　蓄电池功能测试

切除终端交流电源，查看蓄电池是否可以保证装置正常运行，交、直流切换不影响终端正常运行，蓄电池能够正常遥控分合开关 3 次（分、合为一次）。

测试"电池欠压""电池活化"等功能，核对"电池告警"信号是否能传上传到主站。

7.2.4　FTU 保护功能调试

断路器、重合器、电压型负荷开关、电流型负荷开关、用户分界开关等不同类型开关，对应的保护逻辑不同。一般按照如下步骤开展调试：

（1）终端通电，状态指示灯正常，各开关按钮位置与标示一致。

（2）根据定值单设置 FTU 定值，并进行核对。

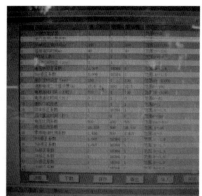

图 7-2　自动化终端定值设置

（3）使用三相继保仪，对终端各保护功能如速断、过电流、零序、重合闸、重合闸闭锁、失压分闸、有压合闸、闭锁分合闸等功能进行测试（包括保护的投入、退出及闭锁试验），查看相关指示灯是否正确，配电主站是否能收到过流、接地告警信号。终端逻辑功能详见附录 H～附录 J。

（4）发生故障时，终端记录下来的 SOE 事件和上传到主站的 SOE 事件必须包括故障名称和故障时的数据，终端宜有液晶显示屏，记录的 SOE 事件必须简单易懂，不允许用代码表示。

（5）对与断路器匹配的 FTU，应测试保护、重合闸连接片投退的逻辑能否满足要求。

（6）执行过的定值单过塑后粘贴在 FTU 柜门内侧，如图 7-3 所示。

图 7-3　终端定值单在现场保留一份

FTU 验 收 规 范

◉ 8.1 验收前准备

8.1.1 验收前准备工作

（1）馈线自动化开关、TV、FTU 交接试验合格，如图 8 - 1 所示。

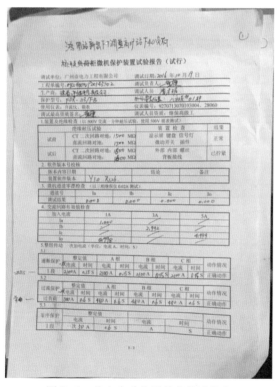

图 8 - 1 柱上自动化开关交接试验表

（2）馈线自动化开关、FTU与配电主站完成联调（集中式）或已完成系统联调（智能分布式）。

8.1.2　资料检查

（1）新增设备的出厂说明书、试验报告及产品合格证。

（2）一次设备、FTU与配电主站的联调报告。

（3）FTU原理图。

（4）施工及竣工图纸。

（5）附件F《配电自动化馈线终端（FTU）功能记录表》、附录K《配电自动化馈线终端（FTU）安装记录表》，以及FTU对应的逻辑功能调试记录表。

8.1.3　工器具检查

（1）检查现场是否配备安全可靠的独立试验电源。

（2）检查三相继电保护仪、低压电源插座、万用表、钳形电流表、绝缘电阻表、二次线缆、线夹等工器具是否齐全、合格。

◉ 8.2　验收内容及要求

8.2.1　安装及接线验收

结合竣工图纸，参照第六部分"6.2 FTU施工标准"逐步开展验收，并将验收结果填入《配电自动化馈线终端（FTU）工程安装验收记录表》。

1. 开关本体、 TV、 FTU安装验收

（1）检查开关本体、TV和FTU、是否按照施工图纸要求完成安装。如开关采用吊装方式，开关位置应高于TV，TV位置高于FTU；如开关采用座装方式，开关与在同一高度，TV位于开关两侧，位置高于FTU。

（2）FTU箱体离地高度应在3m以上5m以下，箱体在杆塔上有两个及以上固定点，如图8-4所示。检查FTU标识和铭牌信息，如图8-5和图8-6所示。

吊装：开关最高，TV居中，终端最低，开关原则上应安装在方便观察开关状态的位置

图 8-2 吊装方式

座装：开关与TV在同一高度，TV位于开关两侧，终端最低，开关尽量安装在方便观察开关状态的位置

图 8-3 座装方式

(1) FTU采用挂式安装，在杆塔上有2个及以上固定点，FTU安装横平竖直。
(2) FTU二次电缆连接好后应对电缆进行加固，防止电缆芯线接线端子受力松脱，冗余的二次线缆应顺线盘留在箱体下方，并做好固定

图 8-4 FTU 箱体固定

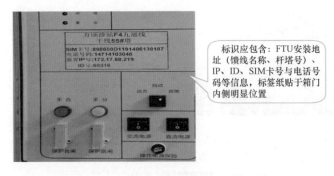

标识应包含：FTU安装地址（馈线名称、杆塔号）、IP、ID、SIM卡号与电话号码等信息，标签纸贴于箱门内侧明显位置

图 8-5　FTU 标识

FTU在显著位置应设置蚀刻不锈钢铭牌，标示内容包含名称（FTU）型号、工作电源、操作电源、额定电压、额定电流、出厂编号以及厂家名称等信息

图 8-6　FTU 铭牌

（3）如同杆塔有多个电气回路，检查 FTU 是否安装在对应线路、开关的同一侧。

2. FTU 接线验收

（1）检查 FTU 遥测、遥信、电源回路二次电缆是否牢固连接；检查 FTU 内部接线是否排列整齐，接触良好。

（2）检查 FTU 外壳、箱体接地是否可靠，FTU 外壳接地线的线径不小于 $6mm^2$，FTU 箱体与地网的接地线线径不小于 $25mm^2$。

（3）检查 FTU 蓄电池正负极接线是否正确，额定电压和额定容量是否满足技术标准要求，外观无鼓胀，安装牢靠，如图 8-12 所示。

(1) 箱体内的设备、元器件安装，牢靠、整齐、层次分明。

(2) 熔丝和功能连接片等安装牢固，接触良好，操作方便。

(3) 二次接线应排列整齐，避免交叉，固定牢靠。遥测回路导线截面不小于2.5mm²，遥控回路导线截面不小于1.5mm²，通信回路导线截面不小于1.5mm²。

(4) 接线套管的粗细、长短应一致且字迹清晰，要求采用打印

图 8-7　FTU 内部接线

FTU外壳有独立的不锈钢接地端子（不可涂漆），并与内侧可靠连接，接地线径不应小于6mm²

FTU内侧门有独立的接地线，并与外壳可靠连接，接地线径不应小于6mm²

图 8-8　FTU 箱体接地

终端外置通信天线应朝下

终端箱体接地应使用不小于25 mm²接地线

图 8-9　FTU 与地网连接

81

航空插头之间的连接，应该使凹槽对准插座的凸缘，插接到位后，右旋锁紧防滑脱螺母，才算连接牢固

图 8-10　航空插头的连接

图 8-11　二次电缆与终端的连接

注意：电流回路、电压回路、控制回路航空插头连接正确。

检查电池标称容量，查看蓄电池外观无鼓胀，蓄电池需用铁片夹紧并用螺丝固定

图 8-12　蓄电池检查及固定

3. TV 一、 二次接线验收

（1）检查已安装 TV 的类型（单相 TV、三相三柱式、三相四柱式、三相五柱式）是否符合施工图纸要求，TV 一、二次侧接线是否正确。

（2）检查 TV 二次电缆是否已进行防水密封。

（3）三相五柱式 TV 按照如下步骤进行验收。

1）外观验收，如图 8-13 所示。

三相五柱式TV外观接线图。一次侧有A、B、C、N四个接线端子，未接线的端子为中性点端子，不需要接线，该未接线端子与接地端子N用来产生零序电压，N直接接地

图 8-13　三相五柱式 TV 外观

2）一次接线验收，如图 8-14 所示。

一次侧有A、B、C、N四个接线端子，O为一次侧中性点端子，未引线。二次侧有a、b、c、n、da、dn六个端子，o为中性点端子，未引线，da与dn之间为零序电压，n与dn短接后一点接地

图 8-14　三相五柱式 TV 一、二次接线示意图

电源侧、负荷侧TV按照施工图进行安装，电源侧TV一次接A、B、C三相，负荷侧TV一次接A、B两相，两侧N分别接地

三相五柱式TV一二次接线图，一次侧有一个绕组，二次侧有三个绕组。一次侧有A、B、C、N四个接线端子，O为一次侧中性线端子，未引线

图 8-15　三相五柱式 TV 一次安装及接线

3）二次接线验收，如图 8-16 所示。

二次侧有三个绕组，共1a、1b、1c、1n、2a、2b、2c、2n、da、dn十个端子，1o、2o为二次侧中性线端子，da与dn之间为零序电压，1n、2n、dn短接后一点接地

线径不小于1.5mm²，接地端子短接后一点接地

图 8-16　TV 接线盒二次电缆接线

4）检 TV 二次端子盒防水密封性能验收，如图 8-17 和图 8-18 所示。

8.2.2　联调验收

按照第七部分"7.3 调试标准"的要求，填写《馈线终端（FTU）功能（含联调）验收记录表》《柱上智能电压时间型负荷开关逻辑功能验收记录表》《柱上智能电流型负荷开关逻辑功能验收记录表》《柱上智能断路器保护功能验收记录表》。

(a)　　　　　　　　　　　　(b)

图 8-17　TV 二次电缆防水要求

（a）规范二次接线工艺；（b）不规范的现场二次接线

图 8-18　TV 二次电缆防水密封

　　三相四柱式、单 TV 的验收步骤不再赘述，按照三相五柱式的步骤和 TV 施工要求开展。

8.3　验收评价

8.3.1　验收合格的依据

投产前验收达到以下要求时，可认为验收通过：

（1）装置的文件、资料及相应的维护软件、线材齐全。

（2）所有软、硬件设备型号、数量、配置均符合项目合同技术协议的要求。

（3）综合性能指标的测试结果满足测试各项参照指标和本规范有关条款的规定。

（4）验收结果无缺陷，且偏差项目、工程化问题总数不得超过测试项目总数的 5%。

8.3.2 验收不合格的依据

验收中存在任何不满足 8.3.1 第（1）～（4）项的，均认为是不合格。

附录 A　配电自动化站所终端设备
安装现场勘察记录表

配电自动化站所终端设备安装现场勘察记录表						
电房名称			馈线名称			
电房地址				电房在地面☐ 电房在地下☐		
已有开关柜 数量		已有开关 柜厂家		已有柜功能 (一遥、二遥、 三遥、D柜)		
拟增开关柜 数量		拟增开关柜 厂家		拟增开关柜 功能 (一遥、二遥、 三遥、D柜)		
拟增 TA数量 (组)		拟增TA变比 (相TA/ 零序TA)		拟增TA的 精确级		
已有自动化终端		厂家	型号	出厂编号	生产日期	回路数 (总数/已接)
	主控箱					
	扩展箱					
	通信 参数	通信方式	终端ID	IP地址	网关	移动号码
	已接回路或拟接回路明细	终端回路数	开关柜柜号	回路明细 (注明已接或拟接)		
		1				
		2				
		3				
		4				
		5				
		6				

拟增自动化终端		厂家	型号	出厂编号	生产日期	回路数（总数/已接）
	主控箱					
	扩展箱					
	通信参数	通信方式	终端ID（选填）	IP地址（选填）	网关（选填）	移动号码（选填）

拟接回路明细	终端回路数	开关柜柜号	回路明细
	1		
	2		
	3		
	4		
	5		
	6		

电房低压电源总开关

位置：

是否有低压电：有□ 无□

GPRS信号（单位dbm）（采用无线通信方式）	运营商	电房内	电房门旁（内）	电房门旁（外）
	移动	极强（-40～-50）:□ 强（-50～-60）:□ 良好（-60～-70）:□ 稍弱（-70～-80）:□ 弱（-80～-90）:□ 不合格（-90以下）:□	极强（-40～-50）:□ 强（-50～-60）:□ 良好（-60～-70）:□ 稍弱（-70～-80）:□ 弱（-80～-90）:□ 不合格（-90以下）:□	极强（-40～-50）:□ 强（-50～-60）:□ 良好（-60～-70）:□ 稍弱（-70～-80）:□ 弱（-80～-90）:□ 不合格（-90以下）:□
	联通	极强（-40～-50）:□ 强（-50～-60）:□ 良好（-60～-70）:□ 稍弱（-70～-80）:□ 弱（-80～-90）:□ 不合格（-90以下）:□	极强（-40～-50）:□ 强（-50～-60）:□ 良好（-60～-70）:□ 稍弱（-70～-80）:□ 弱（-80～-90）:□ 不合格（-90以下）:□	极强（-40～-50）:□ 强（-50～-60）:□ 良好（-60～-70）:□ 稍弱（-70～-80）:□ 弱（-80～-90）:□ 不合格（-90以下）:□

续表

遥测、遥信、遥控电缆预计长度	终端至 01 柜长度：____ m；终端至 02 柜长度：____ m； 终端至 03 柜长度：____ m；终端至 04 柜长度：____ m； 终端至 05 柜长度：____ m；终端至 06 柜长度：____ m； 终端至 07 柜长度：____ m；终端至 08 柜长度：____ m； 终端至 09 柜长度：____ m；终端至 10 柜长度：____ m； 终端至 11 柜长度：____ m；终端至 12 柜长度：____ m
01 柜名称	02 柜名称
03 柜名称	04 柜名称
05 柜名称	06 柜名称
07 柜名称	08 柜名称
09 柜名称	10 柜名称
11 柜名称	12 柜名称
拍照	电房门□电房内整体□环境控制箱□ 每个开关柜□电缆坑多张□自动化终端□
电房设备布置和电缆坑走向简图、终端安装最佳位置、二次线接入简图	
备注	

填表说明：GPRS 信号测试适用于采用无线通信方式的电房，移动和联通信号如果一种已满足要求，则另外一种可以不做测试。

附录 B　配电自动化站所终端（DTU）三遥联调信息表

附表 B-1　　　　　三遥联调信息表

基本功能	作业方法	
通信情况	检查终端在配电自动化系统中是否在线	确认（　）
时钟同步	检查终端时钟应能与系统主站时钟同步	确认（　）
图形界面	检查主站系统中配电网络接线图是否与现场一致	确认（　）
故障信息上送	测试在通信异常情况下触发故障信号，当通信恢复时装置应能自动将此前未上送的故障信号上送	确认（　）
信号名称	作业方法	
终端禁止调度远控	现场将远方/就地转换开关分别打至就地，核对配电主站信号是否与现场一致（由于历史问题，不同的厂家对该遥信点的认可不同）	确认（　）
电池欠压或失电	现场通过实际模拟电池欠压（若为多节电池串联，不允许通过硬件模拟，需将其中一半数量的电池取出，重新接线，遥信应有变位；若为单块封装电池，则只能对电池进行放电后，直至该点遥信变位），核对终端、配电主站信号是否与现场一致	确认（　）
交流失电	现场切开DTU输入交流电源（若有双路电源，则应全部切开），核对终端、配电主站信号是否与现场一致	确认（　）
DTU自检硬件异常	现场通过硬件模拟（优先采用硬件模拟，若终端不支持时采用软件置位模拟），核对配电主站信号是否与现场一致	确认（　）
DTU自检软件异常	现场通过软件模拟，核对配电主站信号是否与现场一致	确认（　）

90

续表

信号名称	作业方法	
电池活化	现场按下终端电源模块上的"活化"按钮，核对终端、配电主站信号是否与现场一致	确认（　）
开关位置	进行分、合闸操作试验，核对配电主站开关位置信号、画面是否与现场一致	确认（　）
气压表告警信号	在开关柜侧，用导线短接气压表低气压引线两端，核对终端、配电主站气压表告警信号是否与现场一致	确认（　）
开关接地刀闸位置	进行分、合闸操作试验，在配电主站画面检查隔离开关位置是否与现场一致	确认（　）
开关线路故障总告警信号	按整定值加二次电流进行试验，核对配电主站信号是否与现场一致；零序故障需在 TA 一次侧加电流	确认（　）
越上限报警	按照越上限报警值加二次电流进行试验，核对配电主站信号是否与现场一致	确认（　）
开关远方操作	现场将开关柜"远方/就地"转换开关分别打至远方、就地，核对终端、配电主站信号是否与现场一致	确认（　）
遥测功能	在相 TA、零序 TA 的一次侧施加电流值，核对终端、配电主站显示的遥测值是否在合理的误差范围内	确认（　）
遥控功能	按照三遥逻辑表，检查实际开关动作情况，以及主站遥控执行指示是否正确；同时测试电操机构在地刀合位时的五防连锁功能	确认（　）

91

附表 B-2　　　　　　　　遥信部分

点号	设备名称	描述		终端信号与现场是否一致（√/×）	终端信号与主站是否一致（√/×）
1	终端自身信号	终端禁止调度远控			
2		电池欠电压或失电			
3		交流失电			
4		DTU自检硬件异常			
5		DTU自检软件异常			
6		电池活化			
7	第1回路双编号描述	开关位置			
8		气压表告警（开关本体告警）			
9		接地开关位置			
10		开关线路故障总告警信号	A相		
			C相		
			零序		
11		开关越上限报警	A相		
			C相		
12		开关远方操作			
13	第2回路双编号描述	开关位置			
14		气压表告警（开关本体告警）			
15		接地开关位置			
16		开关线路故障总告警信号	A相		
			C相		
			零序		
17		开关越上限报警	A相		
			C相		
18		开关远方操作			

续表

点号	设备名称	描述		终端信号与现场是否一致 （√/×）	终端信号与主站是否一致 （√/×）
19		开关位置			
20		气压表告警（开关本体告警）			
21		接地开关位置			
22	第3回路双编号描述	开关线路故障总告警信号	A相		
			C相		
			零序		
23		开关越上限报警	A相		
			C相		
24		开关远方操作			
25		开关位置			
26		气压表告警（开关本体告警）			
27		接地开关位置			
28	第4回路双编号描述	开关线路故障总告警信号	A相		
			C相		
			零序		
29		开关越上限报警	A相		
			C相		
30		开关远方操作			
31		开关位置			
32		气压表告警（开关本体告警）			
33		接地开关位置			
34	第5回路双编号描述	开关线路故障总告警信号	A相		
			C相		
			零序		
35		开关越上限报警	A相		
			C相		
36		开关远方操作			

93

续表

点号	设备名称	描述		终端信号与现场是否一致（√/×）	终端信号与主站是否一致（√/×）
37		开关位置			
38		气压表告警（开关本体告警）			
39		接地开关位置			
40	第6回路双编号描述	开关线路故障总告警信号	A相		
			C相		
			零序		
41		开关越上限报警	A相		
			C相		
42		开关远方操作			

施工单位（盖章）：　　　遥测验收小结：

调试人员（签名）：　　　验收人员（签名）：　　　主站调试人员（签名）：

附表 B - 3　　　　　　　　　遥 测 部 分

点号	设备名称	描述	变比	精度或保护等级	加额定值进行测试，误差≤3%通过测试		
					现场值	主站值	是否通过（√/×）
1	遥测公共点	母线A相电压					
2		母线B相电压					
3		母线C相电压					
4		预留					
5		预留					
6		预留					
7	第1回路双编号描述	A相电流					
8		有功功率					
9		C相电流					
10		零序电流					
11		预留					
12		预留					

续表

点号	设备名称	描述	变比	精度或保护等级	加额定值进行测试，误差≤3%通过测试		
					现场值	主站值	是否通过（√/×）
13	第2回路双编号描述	A相电流					
14		有功功率					
15		C相电流					
16		零序电流					
17		预留					
18		预留					
19	第3回路双编号描述	A相电流					
20		有功功率					
21		C相电流					
22		零序电流					
23		预留					
24		预留					
25	第4回路双编号描述	A相电流					
26		有功功率					
27		C相电流					
28		零序电流					
29		预留					
30		预留					
31	第5回路双编号描述	A相电流					
32		有功功率					
33		C相电流					
34		零序电流					
35		预留					
36		预留					

续表

点号	设备名称	描述	变比	精度或保护等级	加额定值进行测试，误差≤3%通过测试		
					现场值	主站值	是否通过（√/×）
37	第6回路双编号描述	A相电流					
38		有功功率					
39		C相电流					
40		零序电流					
41		预留					
42		预留					

施工单位（盖章）：　遥信验收小结：
调试人员（签名）：　验收人员（签名）：　主站调试人员（签名）：

附表 B-4　　　　　　　　遥 控 部 分

序号	设备名称	描述	现场终端遥控测试		主站遥控测试		遥控闭锁测试
			遥控合闸	遥控分闸	遥控合闸	遥控分闸	
1	第1回路双编号	开关分合闸操作					
2	第2回路双编号	开关分合闸操作					
3	第3回路双编号	开关分合闸操作					
4	第4回路双编号	开关分合闸操作					
5	第5回路双编号	开关分合闸操作					
6	第6回路双编号	开关分合闸操作					

施工单位（盖章）：　遥控验收小结：
调试人员（签名）：　验收人员（签名）：　主站调试人员（签名）：

附录 C　配电自动化站所终端（DTU）配电主站三遥联调记录单

站房名称		所属区局		验收开始时间（精确到分钟）		年　月　日
调试类型	新建电房□备用柜新出□新增柜（改造）□巡检□					
通信方式	GPRS□载波□ 无线专网□光纤□		终端厂家			
终端 IP			终端 ID			
主站人员			现场验收人员			
验收内容	YX：（遥信验收的内容，是否正确）					
	YC：（遥测验收的回路，是否正确）					
	YK：（遥控验收的回路，是否正确）					
验收结论	遥测数据由终端传到主站时间（打√或×）	光纤<2s	遥信变位由终端传到主站时间（打√或×）	光纤<2s	遥控命令选择执行或撤销传输时间<10s（打√或×）	
		载波<30s		载波<30s		
		无线<60s		无线<60s		
	遥测误差≤3%		验收结论：			
	遥测合格率 100%		遗留问题：			
	遥信正确率≥99.99%		结束时间：　　年　月　日			
	遥控正确率 100%					

97

附录 D 配电自动化站所终端（DTU）投产前验收申请表

所属馈线		电房名称			终端厂家	
施工单位		预调试结果	合格□ 不合格□		终端型号	
终端 IP		终端 ID			通信方式	GPRS□ 载波□
无线通信模块型号		蓄电池型号、容量				无线专网□ 光纤□
施工负责人及联系方式		终端厂家姓名及联系方式			申请表提交审核时间	年月日

K 柜越上限报警定值（参考）：相电流 400A，延时 30s；

线路故障总告警信号定值（参考）：相电流 800A，延时 100ms；零序电流 40A，延时 100ms；

R 柜越上限报警定值（参考）：相电流为变压器的额定电流的 1～1.2 倍，延时 30s；

线路故障总告警信号定值（参考）：相电流变压器额定电流的 5～8 倍，延时 100ms；零序电流 40A，延时 100ms；

注：变压器的额定电流（一次值）＝变压器容量/（1.732×一次侧线电压）

投产前验收应具备的条件

投产前验收应具备条件是否齐备	终端与通信装置均已完成现场安装并与配电主站完成联调（集中式）或已完成系统联调（智能分布式）	确认（　）
	施工单位完成二次回路接线工作，完成终端装置与一次设备的调试验收，完成传动试验，完成预调试报告的编制	确认（　）
	相关的辅助设备（电源开关、照明装置、接地线等）已装配	确认（　）
	施工单位提交与现场安装一致的装置布置图、线缆连接图	确认（　）

续表

投产前验收的相关文档资料是否齐备	安装调试（含传动试验）报告是否齐备	确认 （　）
	装置参数配置表、信息点表、配电网接线图是否齐备	确认 （　）
	设计、施工及竣工图纸是否齐备	确认 （　）
	投产前验收测试报告是否齐备（应包含安装、调试、联调记录）	确认 （　）
综合意见：	审核人员签名： 审核日期：	

附录 E　配电自动化站所终端（DTU）工程安装验收记录表

序号	检查项目	标准/要求	结果	备注
1	设备资料	设备及材料清单、说明书	齐全		
		出厂合格证	齐全		
		出厂试验报告及证书	检查终端设备的出厂试验证书完整，电流互感器的铭牌参数完整，电流互感器变比符合要求		
		现场施工图纸	齐全		
2	终端本体验收	安装地点	箱体安装位置与设计图纸一致		
		箱体检查	箱体密封良好，箱体应有足够的支撑强度，箱门开关顺畅不卡涩；箱体无明显的凹凸痕、划伤、裂缝、毛刺等，喷涂层不应脱落		
			箱体内的设备电源应相互独立；装置电源、通信电源、后备电源应由独立的低压断路器控制；采用专用直流、交流低压断路器		
		安装方式	若为壁挂式终端，则箱体安装高度要求离地面大于600mm，小于800mm，方便接线		
			若为机柜式终端，则要求机柜式安装，采用下进线，正面接线方式		
			当终端需要级联时，应采用专门的航空接头		

序号	检查项目	标准/要求	结果	备注
2	终端本体验收	外壳标示	显著位置是否蚀刻不锈钢铭牌，标示内容包含名称、型号、装置电源、操作电源、额定电压、额定电流、产品编号、制造日期及制造厂家名称等		
		标识牌	二次电缆应分别在终端侧和开关柜侧都挂有电缆标识牌以及接线套管，电缆标识牌应包含：电缆编号、起点、终点以及电缆型号，二次接线套管标识应包含相应的信号名称，套管的粗细、长短应一致且字迹清晰		
			应事先打印好黄底黑字的不干胶标签纸对箱体进行标识，标识应包含：终端安装地址（电房名）、终端ID、终端IP，如采用无线公网通信方式，还需填写电话号码和SIM卡序列号；标签纸张贴于箱门外侧明显位置		
			应在终端操作面板每回路的电动合分闸操作按钮下方，采用打印好的黄底黑字的标签纸对所接入的开关回路进行标识（双编号），可遥控的开关注明"可遥控"，不可遥控开关注明"非遥控"。并标明对应回路的相TA和零序TA变比以及精度		
			所有标识必须使用黄底黑字的不干胶标签纸进行打印（图文必须是打印版本）		8

序号	检查项目	标准/要求	结果	备注
3	终端接线验收	**二次电缆敷设要求** 要求采用8芯二次电缆，二次电缆在终端挂装阶段应同步接入终端端子排，根据设计图纸将电缆另一端敷设到开关柜二次小箱内，核对电缆接线是否正确		
		二次电缆不宜从开关柜电缆室、机构室穿过，在不影响开关柜并柜的情况下，宜采用槽架敷设的方式，即所有开关柜二次电缆统一从开关柜侧面用电缆槽架敷设至开关柜二次小箱处，再分别敷设至各开关柜的二次小箱内		
		二次电缆应采用铠装屏蔽电缆，不应采用多股软线电缆		
		遥测、遥信和遥控电缆在电缆沟用万能角铁固定在电缆沟壁，电缆平直敷设，不能交叉		
		电流回路 电流回路导线截面不小于2.5mm²，确认TA回路端子没有开路，接线正确		
		若为甲乙缆且起止方向相同，则两路遥测均需接至同一回路		
		电压、遥信、遥控回路 电压、遥信、遥控回路导线截面不小于1.5mm²，确认TV回路端子没有短路，接线正确		
		遥信与遥控不允许共用同一根二次电缆		
		通信线 通信线注意走线美观，需用扎带捆好		
		若采用无线通信方式，且无线模块在柜内，则天线应从终端箱体线孔或敲落孔引出至箱外，敷设专用管道放置于电房门外		

续表

序号	检查项目	标准/要求	结果	备注
3	终端接线验收	接线排布：二次接线应排列整齐，避免交叉，固定牢靠；线缆挂牌齐备。电流回路接线应保持一定的弯度，且挂牌应只悬挂在该回路一根线上，以便于日后维护		
		不同截面的电缆芯，不允许接入同一端子，同一端子接线不宜超过两根		
		备用二次线应用绝缘胶布包好，不允许裸导线悬空		
		接地：DTU 具有独立的不锈钢接地端子（不可涂漆），并与外壳可靠连接。接地端子的直径不应小于 6mm。从保护接地端子到房内的接地网，应采用截面不小于 6mm² 的多股接地线，保护接地端子与房内的接地网一点连接		
		电缆屏蔽层在开关柜与终端处同时接地，严禁采用电缆芯两端接地的方法作为抗干扰措施		
		电缆屏蔽层接地线应使用不小于 4mm² 黄绿多股软线，接地线应反向固定，并对软线与线耳接驳处锡焊接，电缆屏蔽层接地线应与 DTU 接地铜排可靠连接		
		终端防护：确认配电终端本体及二次电缆做好防火、防小动物破坏等措施		

103

续表

序号	检查项目	标准/要求	结果	备注
4	终端低压电源验收	低压电源接取原则	低压电源箱应独立设置，不宜从环境控制箱中接取		
			DTU低压电源施工要求：如果电房电源采用公用变压器取电的，应在低压配电柜的低压总开关电源侧增加1个专用的空开，专门给DTU供电		
			如果有2台或以上公用变压器，则分别从2台公用变压器接取2路低压电源给DTU供电，互为备用		
			如果电房电源接取采用TV柜或站用变，应通过ZRKVVP2-22-8*2.5mm²电缆接到DTU处		
		电源线接线要求	低压电源线为3*BVV-2.5mm²，应采用单股线，禁止采用多股软铜线		
			低压配电箱至配电自动化站所终端敷设线槽并使用不小于2.5mm²截面的电源线连接处应用阻燃塑料波纹管保护		
		电源箱标识要求	低压电源箱内各路空气开关应做好相应标识		
5	开关柜验收	共箱式开关柜	共箱式开关柜的多个开关柜共用一个气压表，则需要在开关柜二次接线端子排处，采用不小于1.5mm²的控制线将共箱的多个柜的低气压告警信号端子点并接，不允许在终端端子排处并接		

序号	检查项目		标准/要求	结果	备注
5	开关柜验收	TV柜	TV柜如果与开关柜母排采用硬连接（即TV柜与其他开关柜为同一母排），则应将TV柜的开关、接地开关，电压测量值等接入终端		
		预留控制线	备用二次线需用绝缘胶布包好，不允许裸导线悬空		
		标识要求	应在开关柜电缆室门上采用黄底黑字标签纸对所接入的终端回路进行标识，可遥控的开关注明"可遥控"，不可遥控开关注明"非遥控"，并标明本开关柜安装的相TA和零序TA变比以及精度		
6	TA安装验收	线缆	开关柜二次小箱带接线端子时，需将遥测电缆从电流互感器接至二次小箱电流端子，再从电流端子引至终端箱对应回路，柜内遥测电缆应采用铠装屏蔽电缆，截面≥2.5mm²，穿过开关柜部分应保留电缆钢铠		
			线缆需用扎带绑好，整齐美观，并悬挂相应标识牌		
			二次回路接线应与一次回路接线保持足够的安全距离		
			二次回路接线牢固可靠，防止二次开路，二次回路标签清晰，TA二次回路采用电缆芯截面≥2.5mm²		

序号	检查项目		标准/要求	结果	备注
6	TA 安装 验收	接地	要求在开关柜二次端子排处进行接地。开关柜二次端子排的接地应与房内地网直接连接，不可间接接地		
			电流互感器应每相单独接地，不允许串联接地		
			接地线采用不小于 4mm² 黄绿多股软线，接线端必须压线耳（压铜接线端子），不允许漏铜（需要绝缘胶带包好），接地牢固可靠		
		TA 极性	电流互感器的一、二次侧应同极性安装。要求 TA 的一次侧极性端（P1 面）应朝上，二次侧按正极性接线（即 A411 接 S1，N411 接 S2）		
			进出线柜均应采用正极性接线方式		
		分裂式 TA	分裂式 TA 安装之前需检查压接面是否洁净，应无氧化、无划痕、无积尘		
			安装时卡接紧密平滑，用拇指抚摸分裂结合处，应无明显缝隙		
		安全距离	需用扎带将 TA 绑好，使其所在平面与该分支套管保持垂直		
			TA 与肘型头之间的距离应满足电缆终端头安全运行要求		

续表

序号	检查项目		标准/要求	结果	备注
6	TA 安装 验收	零序 TA	电缆铠装屏蔽层开口在零序互感器上方的,电缆铠装屏蔽层接地线应由上向下穿过零序互感器,并与电缆支架绝缘,在穿过零序互感器前不允许接地。电缆铠装屏蔽层开口在零序互感器下方的,电缆铠装屏蔽层接地线应直接接地,不允许穿过零序互感器		
			电缆铠装屏蔽层接地线在与接地极连接之前应包绕绝缘层		
			零序保护必须用一次加电流方法试验整定值是否正确		

综合意见:	验收人员签名:
	验收日期:

107

附录 F　配电自动化馈线终端（FTU）功能记录表

检查项目		标准/要求	结果	备注
FTU 功能	信息标签纸	具有唯一的安装地址、通信 IP 及 ID 号，且相关信息标签纸张贴于控制器外侧。(不同馈线联络开关控制器采用红底黑字的标签纸，其他开关控制器采用黄底黑字的标签纸)		
	状态指示	终端状态指示灯运转正常，无故障、闭锁指示		
	分合闸	手动分合闸开关，控制器分合闸指示正确		
	定值设置	过流一段、二段、零序、告警等相关定值与终端定值单一致		
	三遥测试	遥信信息正确，遥测值误差在精度标准允许范围之内，遥控操作时本体分合闸动作一致		
	电池管理功能	具有电源监视、欠压报警、电池活化功能，交流失电时能实现后备电源无缝切换功能		
	保护功能	速断、过流、零序保护正确动作，保护的投入、退出及闭锁功能正常		

续表

检查项目		标准/要求	结果	备注
与主站系统联调测试	图形界面	查看主站系统中配电网络接线图是否与现场一致		
	通信情况	终端在配网自动化系统中在线		
	时钟同步	查看终端时钟是否与系统主站时钟同步		
	信息点表	(1) 终端遥信点表和主站系统遥信点表一致。(2) 终端遥测点表和主站系统遥测点表一致。(3) 主站系统遥测系数配置能正确反映一次电压、电流		
	信息准确性	(1) 主站遥信指示状态与现场实际状态一致。(2) 主站显示一次值与现场值误差满足精度要求		

遥测部分

点号	设备名称	描述	系数	现场值	主站值	是否通过测试 （√/×）
1	(XXX 开关/断路器)	AB 相电压				
2		BC 相电压 （同期侧）				
3		A 相电流				
4		B 相电流				
5		C 相电流				
6		零序电流				
7		预留				
8		预留				

续表

遥信部分					
点号	设备名称	描述	终端信号与现场是否一致（√/×）	终端信号与主站是否一致（√/×）	备注
1	终端自身信号	电池（总）告警			
2		装置（总）告警			
3		交流失压			
4		保护投入（保护允许）			
5	（XXX开关/断路器）	开关位置			
6		开关位置预留			
7		开关线路事故总信号			
8		过流告警			
9		接地告警			
10		开关储能状态			
11		气压（总）告警			
综合意见（自动化班填写）：		自动化班签名： 施工单位： 施工负责人签名（电话）： 开关厂家签名（电话）： 终端厂家签名（电话）： 主站调试人员电话确认签名（电话）： 工程验收时间：			

附录 G 配电自动化馈线终端（FTU）配电主站三遥联调记录单

站房（柱上开关）名称		所属区局		验收开始时间（精确到分钟）		年 月 日
调试类型	新建电房□备用柜新出□新增柜（改造）□柱上开关□巡检□					
通信方式	GPRS□载波□ 无线专网□光纤□		终端厂家			
终端 IP			终端 ID			
主站人员			现场验收人员			
验收内容	YX：（遥信验收的内容，是否正确）					
	YC：（遥测验收的回路，是否正确）					
	YK：（遥控验收的回路，是否正确）					
验收结论	遥测数据由终端传到主站时间（打√或×）	光纤<2s	遥信变位由终端传到主站时间(打√或×)	光纤<2s	遥控命令选择执行或撤销传输时间<10s（打√或×）
		载波<30s		载波<30s	
		无线<60s		无线<60s	
	遥测误差≤3%		验收结论：		
	遥测合格率100%		遗留问题：		
	遥信正确率≥99.99%				
	遥控正确率100%		结束时间： 年 月 日		

附录 H 柱上智能电压型负荷开关逻辑
功能调试记录表

序号	测试内容	结果
1	用 FTU 终端维护软件，根据定值单将失压分闸延时、一侧有压合闸延时（x 延时）、闭锁分合闸延时（y 延时）、复归时间 z 设入终端	
2	投入保护功能，终端正常运行	
3	开关一侧有压，X 延时后合闸	
4	模拟上级断路器跳闸，开关因两侧失压而分闸，失压分闸延时与设定是否一致	
5	模拟上级断路器合闸后，开关一侧检有压延时合闸，一侧有压合闸延时 x 与设定是否一致	
6	开关合闸后，同时用继保仪加入模拟故障电流，在 y 延时内，上级断路器跳闸，开关失压检无流分闸，且闭锁合闸，主站接收到开关的动作情况与现场一致	
7	开关分闸且闭锁合闸后，模拟上级断路器重合，开关一侧有压但不合闸	
8	复归终端功能，重复第 3～5 点，开关合闸后，在 y 延时后，同时用继保仪加入模拟故障电流，上级断路器跳闸，开关两侧失压但处于合闸状态，且闭锁分闸，复归时间 z 延时后，开关分闸，主站接收到开关的动作情况与现场一致	
9	当且仅当终端检测到故障电流时，终端发出线路故障告警信号	
10	当手动或遥控合闸开关后，如终端在 y 延时内检测到开关流经故障电流，在故障电流消失、开关失压后，终端控制开关分闸，并且闭锁合闸；当且仅当再次手动或遥控合闸开关时，终端功能复归	

续表

综合意见（试验负责人填写）：	试验单位：
	试验负责人签名（电话）：
	终端厂家签名（电话）：
	开关厂家签名（电话）：
	主站调试人员电话确认签名（电话）：
	试验时间：

附录Ⅰ 柱上智能电流型负荷开关逻辑
功能调试记录表

序号	测试内容	结果
① 相过流保护功能测试		
1	用FTU终端维护软件，根据定值单将相过流保护定值和保护动作时限设入终端，相过流保护定值必须小于开关遮断电流值，并留有一定裕度；确认终端已投入相过流保护功能、被试开关在合闸状态	
2	投入保护功能	
3	用继保仪加入1.05倍设定的相电流定值，模拟发生相过流故障	
4	保护动作，开关延时分闸，开关全断口时间少于设定延时＋100ms	
5	观察终端应有对应的故障指示；观察模拟主站软件收到相应故障信息报文	
6	恢复终端正常运行，确认被试开关在合闸状态	
7	用继保仪加入0.95倍定值，模拟发生相过流故障	
8	保护不动作，开关保持合闸状态	
9	观察终端应有对应的故障指示；观察模拟主站软件没有相应故障信息报文	
10	恢复终端正常运行状态	
11	退出保护功能	
12	用继保仪加入1.05倍定值，模拟发生相过流故障	
13	保护不动作，开关保持合闸状态	
14	观察终端应有对应的故障指示；观察模拟主站软件没有相应故障信息报文	
15	恢复终端正常运行状态	

续表

序号	测试内容	结果
②零序电流保护功能测试		
1	用FTU终端维护软件，根据定值单将零序过流保护定值和保护动作时限设入终端；确认终端已投入零序电流保护功能、被试开关在合闸状态	
2	投入保护功能	
3	用继保仪加入1.05倍设定的零序电流定值，模拟发生接地短路故障	
4	保护动作，开关延时分闸，开关全断口时间少于设定延时+100ms	
5	观察终端应有对应的故障指示；观察模拟主站软件收到相应故障信息报文	
6	恢复终端正常运行，确认被试开关在合闸状态	
7	用继保仪加入0.95倍定值，模拟发生接地短路故障	
8	保护不动作，开关保持合闸状态	
9	观察终端应无对应的故障指示；观察模拟主站软件没有相应故障信息报文	
10	恢复终端正常运行状态	
11	退出保护功能	
12	用继保仪加入1.05倍定值，模拟发生接地短路故障	
13	保护不动作，开关保持合闸状态	
14	观察终端应无对应的故障指示；观察模拟主站软件没有相应故障信息报文	
15	恢复终端正常运行状态	

115

续表

③电流闭锁保护及逻辑复归功能测试		
序号	测试内容	结果
1	用 FTU 终端维护软件，根据定值单将相过流保护定值和保护动作时限、电流闭锁定值设入终端；确认终端已投入相过流保护功能、被试开关在合闸状态	
2	投入保护功能	
3	用继保仪加入大于开关遮断电流值的电流，模拟发生相过流故障	
4	保护不动作，开关保持合闸状态，闭锁灯亮，终端有对应的故障指示，主站收到相应故障信息报文	
5	终端检测到开关无压无流，发出分闸命令，开关分闸并闭锁合闸	
6	上级断路器重合，开关得压，但不合闸。当且仅当手动或遥控合闸开关时，开关合闸，并复归保护功能	
7	用继保仪加入 1.05 倍的相电流定值，模拟发生相过流故障	
8	保护动作，开关延时分闸，开关全断口时间少于设定延时＋100ms，开关不重合	
9	观察终端应有对应的故障指示；观察主站收到相应故障信息报文	
10	恢复终端正常运行状态	

综合意见（试验负责人填写）：

试验单位：

试验负责人签名（电话）：

终端厂家签名（电话）：

开关厂家签名（电话）：

试验时间：

附录 J　柱上智能断路器保护功能调试记录表

①相过流保护功能测试

序号	测试内容	结果
1	用 FTU 终端维护软件，根据定值单将相过流保护定值和保护动作时限设入终端；确认终端已投入相过流保护功能、被试开关在合闸状态	
2	投入保护功能	
3	用继保仪加入 1.05 倍设定的相电流定值，模拟发生相过流故障	
4	保护动作，开关延时分闸，开关全断口时间少于设定延时 +100ms	
5	观察终端应有对应的故障指示；观察模拟主站软件收到相应故障信息报文	
6	恢复终端正常运行，确认被试开关在合闸状态	
7	用继保仪加入 0.95 倍定值，模拟发生相过流故障	
8	保护不动作，开关保持合闸状态	
9	观察终端应无对应的故障指示；观察模拟主站软件没有相应故障信息报文	
10	恢复终端正常运行状态	
11	退出保护功能	
12	用继保仪加入 1.05 倍定值，模拟发生相过流故障	
13	保护不动作，开关保持合闸状态	
14	观察终端应有对应的故障指示；观察模拟主站软件没有相应故障信息报文	
15	恢复终端正常运行状态	

117

续表

②零序电流保护功能测试

序号	测试内容	结果
1	用 FTU 终端维护软件，根据定值单将零序过流保护定值和保护动作时限设入终端；确认终端已投入零序电流保护功能、被试开关在合闸状态	
2	投入保护功能	
3	用继保仪加入 1.05 倍设定的零序电流定值，模拟发生接地短路故障	
4	保护动作，开关延时分闸，开关全断口时间少于设定延时 + 100ms	
5	观察终端应有对应的故障指示；观察模拟主站软件收到相应故障信息报文	
6	恢复终端正常运行，确认被试开关在合闸状态	
7	用继保仪加入 0.95 倍定值，模拟发生接地短路故障	
8	保护不动作，开关保持合闸状态	
9	观察终端应无对应的故障指示；观察模拟主站软件没有相应故障信息报文	
10	恢复终端正常运行状态	
11	退出保护功能	
12	用继保仪加入 1.05 倍定值，模拟发生接地短路故障	
13	保护不动作，开关保持合闸状态	
14	观察终端应有对应的故障指示；观察模拟主站软件没有相应故障信息报文	
15	恢复终端正常运行状态	

续表

③一次重合闸功能测试		
序号	测试内容	结果
1	用 FTU 终端维护软件，根据定值单将相过流保护定值、零序保护定值和保护动作时限设入终端；确认终端已投入相过流保护功能、零序电流保护功能，且被试开关在合闸状态	
2	投入重合闸功能，并设定一次重合闸延时	
3	用继保仪加入 1.05 倍定值，并设定故障状态，使开关因故障进行分－合－分（闭锁），模拟发生相过流或接地短路故障	
4	首次故障，保护动作，开关延时分闸，开关全断口时间少于设定延时＋100ms	
5	开关分闸，故障电流消失，开关进行一次重合闸，重合闸时间少于设定延时＋100ms，开关合闸	
6	再次检查到故障电流，保护动作，开关延时分闸，开关全断口时间少于设定延时＋100ms，并闭锁合闸	
7	观察终端应有对应的故障指示；观察模拟主站软件收到相应故障信息报文	
8	退出重合闸功能	
9	用继保仪加入 1.05 倍定值，设定故障时间为大于保护动作时限小于重合闸动作时间，模拟发生接地相过流或短路故障	
10	保护动作，开关分闸，重合闸不动作	
11	观察终端应有对应的故障指示；观察模拟主站软件收到相应故障信息报文	

④二次重合闸功能测试		
序号	测试内容	结果
1	用FTU终端维护软件，根据定值单将相过流保护定值、零序保护定值和保护动作时限设入终端；确认终端已投入相过流保护功能、零序电流保护功能，且被试开关在合闸状态	
2	投入重合闸功能，并设定一次、二次重合闸延时	
3	用继保仪加入1.05倍定值，并设定故障状态，使开关因故障进行分－合－分－合－分（闭锁），模拟发生相过流或接地短路故障	
4	首次故障，保护动作，开关延时分闸，开关全断口时间少于设定延时＋100ms	
5	开关分闸，故障电流消失，开关进行一次重合闸，重合闸时间少于设定延时＋100ms，开关合闸	
6	在闭锁二次重合闸时限后且终端逻辑功能复归时间内，第二次检查到故障电流，保护动作，开关延时分闸，开关全断口时间少于设定延时＋100ms	
7	开关分闸，故障电流消失，开关进行二次重合闸，重合闸时间少于设定延时＋100ms，开关合闸	
8	在终端逻辑功能复归时间内第三次检查到故障电流，保护动作，开关延时分闸，开关全断口时间少于设定延时＋100ms，并闭锁合闸	
9	观察终端应有对应的故障指示；观察模拟主站软件收到相应故障信息报文	
10	退出重合闸功能	
11	用继保仪加入1.05倍定值，设定故障时间为大于保护动作时限小于重合闸动作时间，模拟发生接地相过流或短路故障	
12	保护动作，开关分闸，重合闸不动作	
13	观察终端应有对应的故障指示；观察模拟主站软件收到相应故障信息报文	

⑤闭锁二次重合闸功能测试		
序号	测试内容	结果
1	用 FTU 终端维护软件，根据定值单将相过流保护定值、零序保护定值和保护动作时限设入终端；确认终端已投入相过流保护功能、零序电流保护功能，且被试开关在合闸状态	
2	投入重合闸功能，并设定一次、二次重合闸延时和闭锁二次重合闸时限	
3	用继保仪加入 1.05 倍定值，并设定故障状态，使开关因故障进行一分一合后，闭锁二次重合闸时限内有故障，开关分闸并闭锁，模拟发生永久接地、相过流或短路故障	
4	首次故障，保护动作，开关延时分闸，开关全断口时间少于设定延时＋100ms	
5	开关分闸，故障电流消失，开关进行一次重合闸，重合闸时间少于设定延时＋100ms，开关合闸	
6	开关合闸后闭锁二次重合闸时限内第二次检查到故障电流，保护动作，开关延时分闸，开关全断口时间少于设定延时＋100ms并闭锁合闸	
7	观察终端应有对应的故障指示；观察模拟主站软件收到相应故障信息报文	

⑥逻辑复归功能测试		
序号	测试内容	结果
1	用 FTU 终端维护软件，根据定值单将相过流保护定值、零序保护定值和保护动作时限设入终端；确认终端已投入相过流保护功能、零序电流保护功能，且被试开关在合闸状态	
2	投入重合闸功能，并设定一次、二次重合闸延时，逻辑复归时间 T	
3	用继保仪加入 1.05 倍定值，并设定故障状态，使开关因故障进行分一合一分一合一分（二次重合闸），模拟发生相过流或接地短路故障	

⑥逻辑复归功能测试

序号	测试内容	结果
4	首次故障，保护动作，开关延时分闸，开关全断口时间少于设定延时＋100ms	
5	开关分闸，故障电流消失，开关进行一次重合闸，重合闸时间少于设定延时＋100ms，开关合闸	
6	在闭锁二次重合闸时限后且终端逻辑功能复归时间内，第二次检查到故障电流，保护动作，开关延时分闸，开关全断口时间少于设定延时＋100ms	
7	开关分闸，故障电流消失，开关进行二次重合闸，重合闸时间少于设定延时＋100ms，开关合闸	
8	合闸后，经过时间 T，再次检查到故障电流，保护动作，开关延时分闸，开关全断口时间少于设定延时＋100ms，并经过一次重合闸设定时间后，开关合闸	
9	观察终端应有对应的故障指示；观察模拟主站软件收到相应故障信息报文	

综合意见（试验负责人填写）：	试验单位： 试验负责人签名（电话）： 终端厂家签名（电话）： 开关厂家签名（电话）： 试验时间：

附录 K　配电自动化馈线终端（FTU）安装记录表

检查项目		标准/要求	结果	备注
终端(FTU)安装	核对终端(FTU)标识	标识应包含：终端安装地址、终端 IP、终端 ID、设备厂家及类型等信息，并检查是否与安装现场地址相符。(不同馈线联络开关控制器采用红底黑字的标签纸，其他开关控制器采用黄底黑字的标签纸)		
	终端外体检查	无腐蚀和锈蚀的痕迹，无破损痕迹		
	外体安装	有足够的支撑强度，符合安全距离要求，外观工整，安装工艺符合相关要求		
	安装间距	安装应离地面 3m 以上、5m 以下，且与一次设备的距离大于 1m		
	连接电缆	外观完整、无破损，与开关、TV 连接位置正确、牢固，接线排线整齐、美观，检查开关本体与终端连接的二次电缆是否安装完好，检查连接到 TV 的二次电缆剥去防护层的部分是否完全插入到二次盒内，并用胶套固定，用玻璃胶封堵		
柱上开关安装	外观检查	开关本体外型结构完好，无歪扭、损坏		
	安装位置	安装位置有足够的支撑强度且符合安全距离要求，安装位置不宜太高，且方便运维人员进行维护		
	TV 安装	确认 TV 安装正确，接线无误且接头处连接牢固		
	开关方向性	开关电源侧负荷侧方向正确		

检查项目		标准/要求	结果	备注
接线	一次回路	一次接线 A、B、C 三相对应正确，无交叉		
	二次回路	二次接线连接是否正确；所有二次接线应排列整齐，避免交叉、固定牢固		
	电流回路	电流回路接线正确，TA 回路端子不能拉开，导线截面不小于 2.5mm²		
	电压回路	电压回路接线正确，TV 回路端子不能短接，导线截面不小于 1.5mm²		
	地线	开关本体、电源 TV 和配电终端接地线连接应正确、牢固		
	终端防护	馈线自动化终端本体及二次电缆已做好防水、防小动物破坏等措施		

综合意见：

验收人员签名：

工程时间：